普通高等教育"十三五"规划教材

基因工程实验指导

朱俊华　甄文全　朱　鹏　编著

北　京

冶金工业出版社

2022

内 容 提 要

基因工程技术是生物工程专业的基础核心。本书基于应用型人才培养目标以及本科学生的认知规律，按照循序渐进、逐步提高的原则编写，为培养和提高学生的综合能力奠定基础。

本书可作为普通高等院校生物工程类相关专业本科学生的教材，同时也可供相关科研人员参考使用。

图书在版编目（CIP）数据

基因工程实验指导/朱俊华，甄文全，朱鹏编著．—北京：冶金工业出版社，2020.11（2022.8 重印）

普通高等教育"十三五"规划教材

ISBN 978-7-5024-5325-1

Ⅰ.①基…　Ⅱ.①朱…　②甄…　③朱…　Ⅲ.①基因工程—实验—高等学校—教材　Ⅳ.①Q78-33

中国版本图书馆 CIP 数据核字（2020）第 181372 号

基因工程实验指导

出版发行	冶金工业出版社	**电　话**	（010）64027926
地　址	北京市东城区嵩祝院北巷 39 号	**邮　编**	100009
网　址	www.mip1953.com	**电子信箱**	service@mip1953.com

责任编辑　郭雅欣　美术编辑　郑小利　彭子赫　版式设计　禹　蕊
责任校对　王永欣　责任印制　李玉山
北京富资园科技发展有限公司印刷
2020 年 11 月第 1 版，2022 年 8 月第 2 次印刷
710mm×1000mm　1/16；9.75 印张；188 千字；147 页
定价 **36.00** 元

投稿电话　（010）64027932　投稿信箱　tougao@cnmip.com.cn
营销中心电话　（010）64044283
冶金工业出版社天猫旗舰店　yjgycbs.tmall.com
（本书如有印装质量问题，本社营销中心负责退换）

前　言

　　基因工程是一门热门学科，其基本理论的建立依赖于实验观察，是一门实验性非常强的学科，目前该技术已渗透到生命科学的各个研究领域及生物医药产业，是培养高技能生物工程类应用型人才必须掌握的基本技术。为了更好地帮助学生理解基因工程的基础理论，掌握现代基因工程常用的实验技术，培养学生科研思维能力，编者编写了这本《基因工程实验指导》教材。本教材的特点是将基因工程最基本的技术与最新的研究方法有机结合，使本科生在掌握基本的基因工程实验技术的基础上，学习和了解最新的基因工程的研究方法，在实验内容的编排上力求循序渐进，以逐步提高学生的科研实验的综合能力，为学习、毕业实习及工作打下坚实的基础。

　　本书在学生实验部分共分为基础篇、综合篇、提高篇。

　　基础篇主要包括基因工程实验中几大关键性技术（质粒 DNA 的提取与分析技术、琼脂糖凝胶电泳技术、PCR 扩增技术、DNA 酶切与检测技术、DNA 酶切产物的纯化技术、DNA 重组及重组体鉴定技术、大肠杆菌感受态细胞的制备技术及 DNA 重组体的转化技术），注重培养学生基本的实验技能。以介绍实验原理和操作步骤为主，同时增加实验讨论部分，重点强调实际操作过程中的注意事项，总结项目组成员多年教学科研经验，归纳了本科生在以往实验过程中容易出现失误的地方。

　　综合篇主要包括 3 个领域的综合性实验：其一是应用于植物抗病毒基因工程领域中，即马铃薯 Y 病毒衣壳蛋白部分基因的克隆，通过分、切、接、转、筛五个流程，最终得到克隆子；其二是广泛应用在分子生物学领域中的标记蛋白（绿色荧光蛋白）及融合蛋白的克隆与表达，即绿色荧光蛋白基因的克隆与表达，主要通过两种方式获得目的基因，再通过基因重组及转化技术获得可产生绿色荧光的重组体；其三是应用在水产养殖领域中，通过原核表达技术获得水产动物性别决定的关键作用基因 *Foxl2* 的人工重组蛋白。

提高篇主要包括重组质粒表达产物的鉴定及纯化，是综合性实验的进一步深化和提高。学生可利用课余时间进行探索，以激发学生的科研兴趣，充分发挥学生的科研潜能，为今后的实习、科研及工作奠定基础。

本教材在编写过程中得到了北京大学生命科学学院郝福英教授的指导，在此表示最诚挚的感谢！

本书得到以下基金和项目资助：

广西北部湾海洋生物多样性养护重点实验室（北部湾大学）基金（项目编号：2018ZB10）；

北部湾大学"十三五"应用型规划教材出版基金（2019）；

广西水产一流学科（培育）项目；

2018 年度北部湾大学本科教改项目（18JGA010）。

由于编写水平所限，教材中疏漏和不妥之处，敬请广大读者批评指正。

编　者

2020 年 5 月

目　　录

第一章　绪　　论

　　基因工程是现代生物技术领域的重要技术之一，有很强的应用性。基因工程实验课程教学着重培养学生掌握基因操作的技术能力。

　　本实验课在方法上，力求经典，内容涵盖了基因工程操作的基本过程，整套实验基本上是一个连续过程。

　　学生通过本教材的学习，能在原有相关理论知识的基础上，较全面和深入地理解基因工程原理，基本掌握基因工程常用实验方法，为后续课堂学习和科研工作打下良好和扎实的基础。

第一节　基因工程实验课的重要性

　　分子生物学中任何理论的提出都是以实验为基础提出来的，如 DNA 的半保留复制和 DNA 是遗传物质的证据。

一、DNA 的半保留复制实验证据

　　1957 年 Meselson 和 Stahl 用同位素 ^{15}N 标记大肠杆菌 DNA，首先证明了 DNA 的半保留复制（见图 1-1）。他们用大肠杆菌（*Escherichia coli*）细胞作为实验材

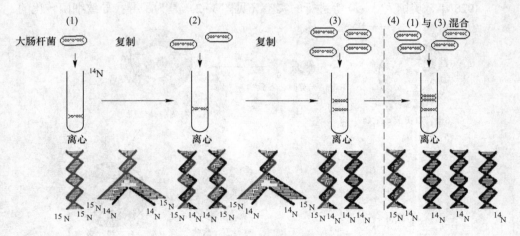

图 1-1　DNA 的半保留复制

料，将大肠杆菌在含有^{15}N的单一氮源中培养了很多代，于是细胞中重同位素^{15}N取代了轻同位素^{14}N；把生长在^{15}N介质中的大肠杆菌细胞转移到仅含^{14}N的培养介质中，^{15}N标记的DNA比正常DNA重1%，使所有细胞增殖一代，用氯化铯（CsCl）密度梯度平衡超离心（gradient untracentrifugation）迅速分离DNA。由这些第一代细胞制备的DNA仍然在CsCl梯度中形成单一的带，但它的密度表明，这些DNA分子是含有一条^{15}N和一条^{14}N的杂合双链。如果让细胞在轻介质中增殖两代，则提取的DNA可被CsCl密度梯度平衡超离心分离成两条带，其中一条是轻重杂合双链，另一条则是完全由轻链组成的。培养多代后，^{14}N和^{15}N标记的DNA在CsCl密度梯度平衡超离心将出现在不同密度的离心带中。这个实验结果证实了DNA复制是半保留的。

如果DNA是全保留的，则大肠杆菌繁殖一代后，它们的DNA在CsCl密度梯度离心中一定会分离成含重链和轻链，而实验证明只存在一条杂合DNA带。在复制两代后只有全轻链和杂合链，没有完全由^{15}N组成的全重链。

二、DNA是遗传物质的两个关键性实验证据

美国人Avery进行了用肺炎双球菌感染小鼠的实验，Hershey进行了用T$_2$噬菌体感染大肠杆菌的实验。

这两个实验主要的论点证据是：生物体吸收的外源DNA可以改变其遗传潜能。生命的基本特性是具有物质的、能量的和信息的变化。生命信息的变化包括两个方面：一是亲代到子代的信息传递；二是生物个体内遗传信息决定它的性状特征。遗传学早期基因学说认为，基因作为遗传因子决定着生物的性状，并且能自我复制，稳定地传递给后代，但是对基因究竟是什么还是有争论的。

1928年，美国人Avery等进行的实验（见图1-2）是为了寻找导致细菌转化的

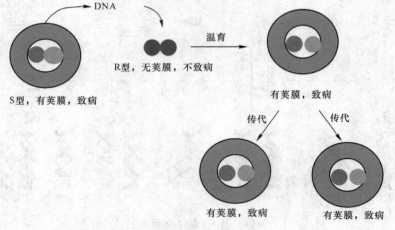

图1-2 肺炎双球菌转化

原因，他从光滑型肺炎双球菌（S 型、有荚膜、菌落光滑）分别提取 DNA、蛋白质及多糖物质，并分别与粗糙型的肺炎双球菌（R 型、无荚膜、菌落粗糙）一起培养，发现只有 DNA 能使一部分粗糙型细菌转变成为光滑型细菌，并能继续繁殖，且转化率与 DNA 纯度呈正相关，而蛋白质和多糖物质则不能。若将提取的 DNA 预先用 DNA 酶降解，则转化也不能发生。S 型菌的 DNA 将其遗传特性传给了 R 型菌，因此证明 DNA 就是遗传物质，是遗传信息的载体，而不是蛋白质。此后，人们对遗传物质的注意力逐渐从蛋白质移到核酸上。

但要证明 DNA 是遗传物质仍要有确切的证据。20 世纪三四十年代，噬菌体研究的巨大进展，使人们认识到噬菌体感染宿主细菌后繁殖产生大量的子代噬菌体，美国 Hershey 进行了用 T$_2$ 噬菌体感染大肠杆菌的实验（见图 1-3）：制备两份用放射性同位素标记的噬菌体 T$_2$ 颗粒：一份用 ^{32}P 标记，另一份用 ^{35}S 标记；然后用这两份噬菌体标记病毒颗粒分别感染未标记的细菌悬浮物，置于高速搅拌机中，以使病毒衣壳离开细菌，并用离心法使空病毒衣壳与细胞分离，结果表明，

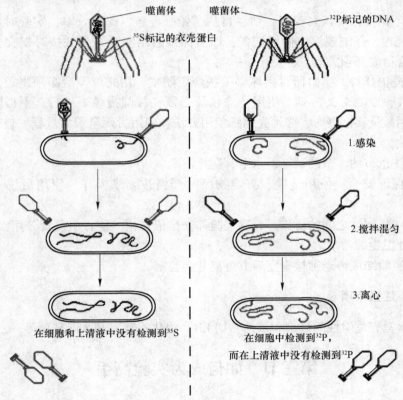

图 1-3　T$_2$ 噬菌体侵染细菌实验

感染了^{32}P标记噬菌体的细胞含^{32}P，而用^{35}S标记的病毒的细胞不含放射性，但在细胞外面的病毒衣壳蛋白含^{35}S。T_2感染实验进一步证明了DNA会进入宿主细胞，是产生、决定子代噬菌体的遗传物质。

第二节 基因工程实验室的要求

一、实验室规则

- 保持肃静。不许喧哗、打闹，创造整洁、安静、有序的实验环境。
- 保持整洁。实验室应穿白大褂，书包等物品按规定放置整齐，不许随地吐痰，做实验前请检查自己分配的仪器设备的数量及完好性，如发现有破损或缺少的现象及时告诉老师；实验结束后，清洁器材和工作台，彻底清洗试管、烧杯等实验用品，物归原处，实验废品（如火柴棍、滤纸等）丢到指定地方，不得随意乱弃。
- 严格操作。认真预习，切忌盲从，做好准备，提高效率，实验时严格遵守操作规程，仔细观察，做好记录；课后详细总结实验结果并按时提交实验报告，不合格者必须重写。
- 爱护器材。实验器材损坏必须按规定赔偿，用完仪器后必须复位。器材专用专放，以防交叉污染。使用特殊仪器必须在教师指导下进行，不得随意乱动，使用微量移液器时，必须先熟练使用方法，使用后调至最大量程。玻璃器皿轻拿轻放。
- 注意节约。节约试剂、水电，防止浪费。
- 保证安全。使用危险、有毒物品时严格按要求操作，使用后统一存放回收。
- 加强同学之间的协作。每次实验都安排值日生，值日生负责公用实验台、地面等处卫生的清洁。
- 实验结束待老师检查完后方可离开实验室。

二、注意事项

实验室有危险性的试剂和菌株，如EB（溴化乙啶）和大肠杆菌等。

第三节 如何成为实验高手

一、做实验的有心人，遵循实验流程

有些人做实验看起来很认真，但实验总是失败，怎么也得不到满意的结果。

如何成为高手？概括起来，应注意以下几点：

- 忠于实验流程。
- 关注实验要点。
- 准确的试剂用量。

有的人眼高手低，做实验时，总认为"我知道了""我会了"，马虎行事，不严格按照实验流程进行实验，甚至更改实验流程，这些往往是实验失败的主要原因，标准的实验流程是经过许多实验者探索出来的，没有充足的理由尽量不要更改。

二、做好实验课前的预习

弄清原理、操作方法、扼要地写出预习报告（预习报告应包括实验原理、简要的操作流程、实验材料的来源及仪器设备的型号、试剂的浓度等），实验中观察到的现象如实地记录在预习报告中，若实验中发现的现象与教材中不一致，应尊重客观事实，分析实验成败的原因。

三、认真写好实验报告

实验报告是做完每个实验后的总结，完全是根据自己的实验历程撰写的，除小部分引用他人的文献之处，都必须是实实在在的实验过程与结果的记录。每个人都要写自己的实验结果。撰写实验报告是论文写作前很好的锻炼机会。实验报告的格式包括标题、目的要求、原理（简要）、主要的试剂与仪器、操作流程（简洁，不要抄书）、实验结果（有图片，要写清内容）、讨论（是以实验结果为基础进行逻辑推理，若为定性分析的实验，在分析实验结果基础上应有简短的中肯的结论，包括实验方法、技术上的问题，对异常实验结果的分析、对实验设计的认识和体会，改进意见等）。

第二章　背景资料

第一节　基因工程概述

基因工程是指将外源基因（目的基因）通过体外重组导入受体细胞内，并在受体细胞内复制、表达具有生物活性物质的技术，是以分子遗传学为理论基础，综合了分子生物学和微生物遗传学的现代方法和手段改造生物遗传特性的一门新兴技术。基因工程技术一般是指在分子水平上进行操作，在细胞水平上实现表达。因此，也将基因工程技术称为基因操作，又称 DNA 重组技术，包括基因的分离、重组、转移，基因在受体细胞内的保持、转录、翻译表达等全过程。

基因工程包括四个要素：目的基因、工具酶、载体、受体细胞。

一、基因工程的特征

基因工程的第一个重要特征就是可把来自任何一种生物的基因放置到与其毫无亲缘关系的寄主生物中，因而应用基因工程技术，就可以按照人们的主观愿望，改造生物的遗传特性乃至创造出自然界中原本不存在的新的生物类型。第二个特征是它可将一种已知的 DNA 片段在新的寄主细胞内进行扩增。这样就为制备大量纯化的 DNA 片段提供了可能，从而拓宽了基因工程的研究领域，如核苷酸的序列测定、位点特异的突变形成，以及以确保所编码的多肽链在寄主细胞中能够实现高水平表达为目的的基因序列操作等。

基因工程把来自不同生物的外源 DNA 插入到载体分子上，形成"杂种"DNA 分子，然后将之引入寄主细胞，进而实现目的基因功能的表达。基因工程的核心技术是分子克隆（molecular cloning）和外源基因的高效表达，而基因表达也离不开分子克隆技术。

二、基因工程的主要内容

基因工程的主要内容包括：

- 从复杂的生物体基因组中，经过酶切消化等步骤，分离带有目的基因的 DNA 片段，或用酶学和化学方法人工合成基因。
- 将外源 DNA 片段与能够自我复制并具有选择标记的载体分子在体外连接，形成重组 DNA 分子。

● 把重组的 DNA 分子引入到适宜的受体（寄主）细胞中进行扩增。

● 从繁殖的大量细胞群体中筛选和鉴定，以获得重组 DNA 分子的受体细胞的克隆。

● 从所筛选的受体细胞克隆提取已扩增的目的基因后，或再将其克隆到表达载体上，导入寄主细胞，以便在新的背景下实现功能表达，产生人们所需的物质；或是将已扩增的目的基因作进一步的分析研究。

三、基因工程的操作流程

具体的操作可概述为"分、切、接、转、筛、表"6 个环节，如图 2-1 所示。

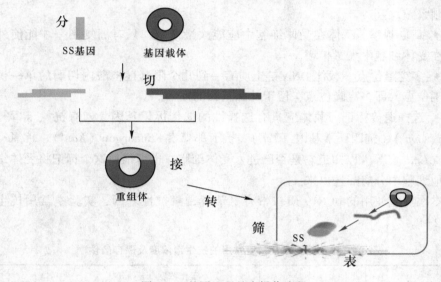

图 2-1　基因工程基本操作流程

基因工程操作的主要步骤：分离或合成目的基因（SS 基因），将带有目的基因的 DNA 片段与载体 DNA 体外重组，然后把重组体转入受体细胞以及重组体克隆的筛选和鉴定，最终表达出来。但在具体的基因工程操作中还应根据实验目的、基因片段的来源与性质选择相应的技术路线。

第二节　基因工程的工具之一 ——载体

一、载体的定义

携带外源基因进入受体细胞的工具叫作载体（vector）。外源目的 DNA 一般缺乏直接导入宿主细胞（又称受体细胞）和进行 DNA 复制的能力，不能在宿主细胞内表达。要实现外源 DNA 分子的导入、复制和表达，必须依赖适当的载体分子。外源目的 DNA 与载体 DNA 的连接是 DNA 重组、克隆的重要步骤，载体是基因工程中极为重要的工具。

二、载体的基本要求和特点

通常所用的载体依据宿主细胞的不同，大致有质粒、λ 噬菌体、柯斯质粒、单链的 M13 噬菌体以及动植物病毒的衍生株。这些载体的生物学特性各不相同，但作为基因工程的载体必须具备下列条件：

- 复制子。载体只有复制起始位点，即复制点，才能使与它结合的外源基因复制繁殖。
- 高复制率。载体在受体细胞中应能大量增殖，只有高复制率才能使外源基因在受体细胞中大量扩增。
- 多克隆位点。载体 DNA 链上应有一到几个限制性核酸内切酶的单一识别与切割位点，即多克隆位点，便于外源基因的插入。
- 选择遗传标记。载体应具有选择性的遗传标记基因，如有抗氨苄青霉素基因（Amp^r）、抗四环素基因（Tet^r）、抗卡那霉素 Kanamycin（Kan^r）、抗氯霉素基因（Cml^r）等，以知道它是否已进入受体细胞，也可根据这个标记将受体细胞从其他细胞中分离筛选出来。

本次实验使用的 pUC19 质粒带有氨苄青霉素抗性基因，实验中常用抗生素见表 2-1。

表 2-1　基因工程实验常用的抗生素浓度及保存条件

抗生素	储存浓度/mg·mL⁻¹	工作浓度/μg·mL⁻¹		保存条件/℃
		严紧型质粒	松弛型质粒	
Ampicillin（Amp）氨苄青霉素	50（溶于水）	20	60	−20
Chloramphenicol（Cml）氯霉素	34（溶于乙醇）	25	170	−20
Kanamycin（Kan）卡那霉素	10（溶于水）	10	50	−20
Streptomycin（Sm）链霉素	10（溶于水）	10	50	−20
Tetracycline（Tet）四环素	5（溶于乙醇）	10	50	−20

三、载体的分类及种类

载体分为克隆载体（cloning vector）和表达载体（expression vector），为使插入的外源 DNA 序列被扩增而特意设计的载体称为克隆载体；为使插入的外源 DNA 序列可转录翻译成多肽链而特意设计的载体称为表达载体。表达载体又分为原核表达载体和真核表达载体。

基因工程实验中常用的载体种类主要有质粒载体、噬菌体载体、病毒载体、人工染色体。

四、质粒

质粒于 1946～1947 年被发现，1952 年正式提出质粒名称。质粒于 1974 年作为基因工程载体应用到基因工程研究。

（一）质粒的定义及其特征

质粒（plasmid）是基因工程中使用的载体之一，它是一种染色体外的稳定遗传因子，大小在 1～200kb，是具有双链闭合环状结构的 DNA 分子（covalently closed circular DNA，简称 cccDNA），主要发现于细菌、放线菌和真菌细胞中。质粒具有自主复制和转录能力，能使子代细胞保持它们恒定的拷贝数，可表达它携带的遗传信息。它既可以独立游离在细胞质内，也可以整合到细菌染色质中，它离开宿主的细胞就不能存活，而它控制的许多生物学功能也是对宿主细胞的补偿。

目前，已发现有质粒的细菌有几百种，已知的绝大多数的细菌质粒都是闭合环状 DNA 分子。细菌质粒的分子质量一般较小，约为细菌染色体的 0.5%～3%。根据分子质量的大小，大致上可以把质粒分成大小两类：较大一类的分子质量在 $40×10^6$ Da 以上，较小一类的分子质量在 $10×10^6$ Da 以下（少数质粒的分子质量介于两者之间）。质粒在细胞中以 cccDNA 形式存在，即超螺旋形式或超卷曲或超线团形式存在。但在某些条件（如质粒提取过程中，转移或储存）下，可发生一处或多处断裂，形成开环 DNA（简称 ocDNA）或线状 DNA（简称 l-DNA）（见图 2-2）。

在电泳时同一质粒的电泳速度因 DNA 的不同而异，其次序为 cccDNA>l-DNA>ocDNA。因此一般情况下，自制的质粒 DNA 呈现 3 条带。

质粒在细胞内的复制一般分为两种类型：严密控制型（stringent control）和松弛控制型（relaxed control）。前者只在细胞周期的一定阶段进行复制，染色体不复制时，它也不复制。每个细胞内只含有 1 个或几个质粒分子；后者的质粒在整个细胞周期中随时可以复制，在细胞里，它有许多拷贝，一般在 20 个以上。通常大的质粒如 F 因子等，拷贝数较少，复制受到严格控制；小的质粒，如

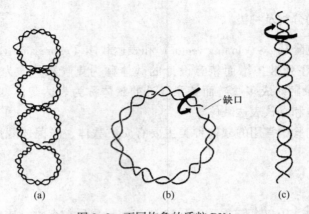

图 2-2 不同构象的质粒 DNA

（a）共价闭合超螺旋 DNA；（b）开环 DNA；（c）线状 DNA

ColEI 质粒（含有产生大肠杆菌素 E1 基因），拷贝数较多，复制不受严格控制。在使用蛋白质合成抑制剂——氯霉素时，染色体 DNA 复制受阻，而松弛型 ColEI 质粒继续复制 12~16h，由原来 20 多个拷贝可扩增至 1000~3000 个拷贝，此时质粒 DNA 占总 DNA 的含量由原来的 2% 增加到 40%~50%。每个细胞中的质粒数主要取决于质粒本身的复制特性。一般分子质量较大的质粒属严密控制型。分子质量较小的质粒属松弛控制型。质粒的复制有时和它们的宿主细胞有关，某些质粒在大肠杆菌内的复制属严密控制型，而在变形杆菌内则属松弛控制型。本实验分离纯化的质粒 pUC19 就是由 ColEI 衍生的质粒。

（二）质粒系列类型

质粒家族庞大，种类繁多。按大小、性质可人为地分为以下系列。pBR 系列：322、325、327；pUC 系列：8、9、18、19、118、119；pEGFP 系列；pSC 系列；pEM 系列；pSF 系列等。

1. pBR 系列

以基因工程中广泛使用的 pBR322 为例进行介绍，pBR322 是由几个质粒 DNA 通过 DNA 重组技术构建而成的克隆载体（见图 2-3）。

从图 2-3 中可以看出，质粒 pBR322 具有如下特点：

- 具有较小的相对分子质量，DNA 分子的长度为 4363 bp。
- 具有氨苄青霉素和四环素两种选择的抗药性遗传标记。
- pBR322 共有 24 种限制性内切酶的单一的识别位点。

7 种酶（EcoR V、Nhe I、BamH I、Sph I、Sal I、Xma III、Nru I）的识别位点位于四环素抗性基因内部，2 种酶（Cla I、$Hind$ III）的识别位点存在于这个基因的启动子内部。所以在这 9 个限制性位点上插入外源 DNA 通常都会导

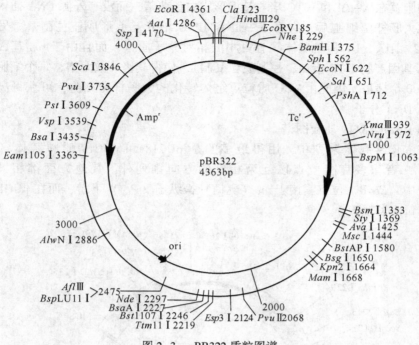

图 2-3 pBR322 质粒图谱

致四环素抗性基因（Tet^r）的失活。3 种限制性核酸内切酶（*Sca* I、*Pvu* I、*Pst* I）在氨苄青霉素抗性基因（Amp^r）内具单一的识别位点，在这个位点插入外源 DNA 会导致 Amp^r 基因的失活。利用这种插入失活来检测重组体质粒需经过以下几个步骤，如将外源基因插入到 *Bam*H I 位点，便产生对氨苄青霉素抗性和对四环素敏感（Amp^r 和 Tet^s）的重组体，将经过这种重组子转化的受体菌涂布在含氨苄青霉素培养基上，存活下来的菌落有对氨苄青霉素抗性和对四环素抗性（Amp^r 和 Tet^r）和对氨苄青霉素抗性和对四环素敏感（Amp^r 和 Tet^s）两种表型，再将它们分别涂布在含四环素和氨苄青霉素的培养基上，凡是在氨苄青霉素平板上生长，而在四环素平板上不生长的菌落通常被认为有外源基因的插入。

2. pUC 系列

pUC 载体系列是由大肠杆菌 pBR322 质粒与 M13 噬菌体改建而成的双链 DNA 质粒载体，即将组建 M13 mp 系列载体所用的大肠杆菌 β-半乳糖甘酶基因（*LacZ*）片段插入到含 pBR322 的一种缺失变种之中，它含有来自 pBR322 质粒的复制起点（ori），氨苄青霉素抗性基因（Amp^r）以及大肠杆菌 β-半乳糖苷酶基因（*LacZ*）的启动子及其编码 α 肽链的 DNA 序列，并且在 *LacZ* 基因中有一段多克隆位点（multi-cloning site, MCS）区段。当外源的 DNA 片段插入到这些克隆位点时，使 α-互补链破坏形成的是无活性的 β-半乳糖甘酶，于是被转化的大肠杆菌细胞就在 X-gal 和 IPTG 培养基上形成白色菌落，而没有外源 DNA 插入的质粒转化大肠杆菌细胞后，会在 X-gal 和 IPTG 培养基上形成蓝色菌落。另外与 pBR322 相比，pUC 质粒载体具有更小的相对分子质量，而且由于 rop 基因的缺失（其基因产物 ROP 蛋白，控制质粒复制），使得其拷贝数大增，每个细胞可达 500~700 个拷贝，因此由 pUC 质粒重组体转化的大肠杆菌细胞，可获得高产量的克隆 DNA 分子。

（1）pUC18/19 质粒图谱

在 pUCl9 载体系列中，用得最多的是 pUC18 和 pUC19 质粒载体（见图 2-4），二者除多克隆位点以互为相反的方向排列外，其他方面都相同。在 pUC18 中，EcoR I 位点紧接于 lac（乳糖）操纵子（P_{lac}）下游，而在 pUC19 中，Hind III 位点紧接 P_{lac}。

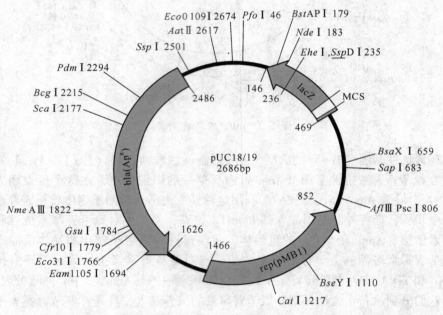

图 2-4 pUC18/19 质粒图谱

（2）pUC19 质粒特点

• 人工构建。分子量小，只有 2.69kb。这样当外源 DNA 插入后不会因分子量太大而影响其稳定性。

• pUC19 有 13 个酶切位点，这些位点都在 MCS 区域内。

• 有选择标记 Amp^r，便于筛选。

3. pEGFP 系列

pEGFP 系列质粒主要用于在目的细胞系中表达 EGFP 蛋白。为保证读码框中的正确性和 EGFP 融合位置的可控性，ClonTech 公司在该系列中发展出 C1~C3，N1~N3 等 6 种不同的质粒，pEGFP-N3 就是其中之一。

（1）pEGFP-N3 的来源

pEGFP-N3 质粒是一个用于在哺乳动物细胞系中表达 EGFP 融合蛋白的质粒，它编码 EGFP 蛋白，是野生型绿色荧光蛋白（wtGFP）经克隆技术改造而成的遗传突变体。它有两个氨基酸的替换，即 Phe264→Leu 和 Ser265→Thr。用 485nm 光激发时，EGFP 可以产生比 wtGFP 强 35 倍的荧光。另外，EGFP 具有红外转换激发光谱（red-shifted excitation spectra），而且能在哺乳动物细胞内得到高水平表达。

pEGFP-N3 质粒编码野生型 GFP 的红移（荧光波长较大）变异体蛋白具有更强的荧光（在 485nm 激发下比野生型强 35 倍），在哺乳动物细胞中有较好的表达。激发峰在 488nm，发射峰在 507nm。质粒含有卡那霉素抗性基因。本实验中表达的 EGFP 蛋白就来自于科学研究，E 为英文 Enhancer 的首字母，表示比野生型更强的荧光。

（2）pEGFP-N3 载体图谱

pEGFP-N3 载体图谱如图 2-5 所示。

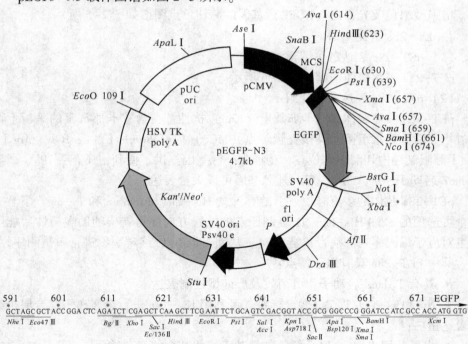

图 2-5　pEGFP-N3 载体图谱

pCMV—真核启动子，用于质粒在真核细胞中表达蛋白；MCS—多克隆位点，用于插入外源 DNA；

EGFP—绿色荧光蛋白基因；HSV TK poly A—保证该质粒可以在真核细胞中稳定遗传的筛选；

Kan^r/Neo^r—Kan/Neo 抗性筛选基因

（3）pEGFP-N3 质粒介绍

• pEGFP-N3 质粒上拥有 3 个复制起始位点：pUC ori 用于质粒在原核细胞内的复制，SV40 ori 用于质粒在真核细胞内的复制，f1 ori 用于单链 DNA 的生成。质粒采用的筛选标记在原核细胞中是卡那霉素抗性，在真核细胞中是新霉素抗性。

• 质粒中的 EGFP 基因编码的蛋白具有更强的荧光（在 485nm 激发下比野生型强 35 倍）和在哺乳动物细胞中有较好的表达。

• 激发峰在 488nm，发射峰在 507nm。

实验使用的 EGFP 蛋白取自原核-真核穿梭质粒 pEGFP-N3 的蛋白质编码序列。此质粒原本被设计于在原核系统中进行扩增，并可在真核哺乳动物细胞中进行表达。本质粒主要包括位于 pCMV 真核启动子与 SV40 真核多聚腺苷酸尾部之间的 EGFP 编码序列与位于 EGFP 上游的多克隆位点；一个由 SV40 早期启动子启动的卡那霉素/新霉素抗性基因，以及上游的细菌启动子可启动在原核系统中的复制与卡那抗性。在 EGFP 编码序列上下游，存在特异的 *Bam*H I 及 *Not* I 限制性内切酶位点，可切下整段 EGFP 编码序列。

（4）增强型绿色荧光蛋白（EGFP）基因的酶切位点图谱

增强型绿色荧光蛋白（EGFP）基因的酶切位点图谱如图 2-5 所示。

4. pET-28a 表达载体

（1）pET-28a 表达载体图谱

pET-28a 表达载体图谱如图 2-6 所示。

（2）pET-28a 表达载体介绍

pET-28a 质粒载体具有卡那霉素（Kan）抗性，在含有卡那霉素的平板上可通过培养筛选到重组菌；其多克隆位点（MCS）内有 *Bam*H I、*Eco*R I、*Not* I、*Xho* I 等限制性内切酶识别位点，为插入外源基因提供了便利；还有受 IPTG 诱导的 lacZ 启动子，加入 IPTG 后，外源基因可以大量表达。

pET-28a 载体的多克隆位点上游有 N 端 His-tag、thrombin 和 T_7-tag，下游有一个可选用的 C 端 His-tag。f1 复制原点的放置方向使得转染辅助噬菌体后能够产生对应于编码序列的病毒单链 DNA，从而可以用 T_7 终端引物进行单链测序。

其中 pET-28a 具有以下特点：

• 具有 T_7 lacZ 启动子，可高效及严谨型控制表达水平；

• N 端 His-Tag/T_7 Tag 融合标签，可利用 His-Tag 进行金属离子螯合层析纯化表达蛋白；

• 也可利用 T_7-Tag 融合标签进行基于抗体结合的亲和纯化；

• 含凝血酶（Thrombin）蛋白酶切位点。

命名后带有（+）的载体更含有 f1 复制区，可以制备单链 DNA，适合突变及测序等应用。

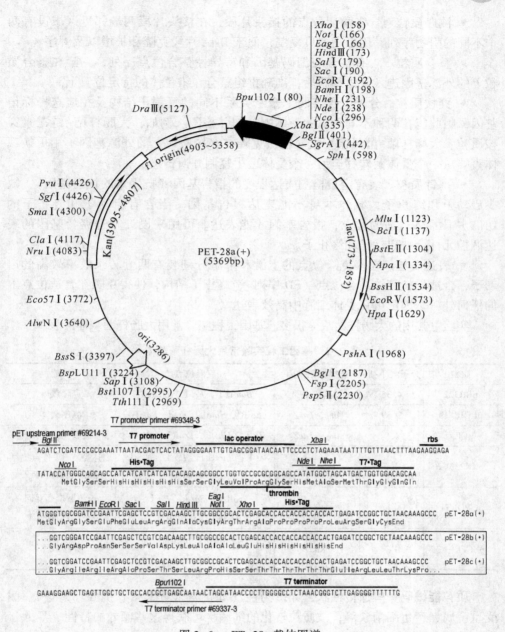

图 2-6　pET-28a 载体图谱

(三) 质粒按用途分为六大类

● 克隆质粒。用于克隆和扩增外源基因。

- 测序质粒。含多酶切位点的接头片段，在接头片段两端邻近区域设有两个不同的引物序列，用于高拷贝复制，便于 DNA 片段克隆和扩增以及测序。
- 整合质粒。含有整合酶编码基因和特异性整合位点序列，克隆在整合质粒上的外源基因进入受体细胞后，准确重组整合在染色体的特定位置上。
- 穿梭质粒。分子上含有两个亲缘关系不同的复制子结构及相应选择标记基因，因此能在两种不同种属的受体中复制并检测。例如，大肠杆菌-链霉素穿梭质粒、大肠杆菌-酵母菌穿梭质粒，克隆在穿梭质粒上的外源基因不用更换载体直接从一个受体菌转移至另一个受体菌中复制并遗传。
- 探针质粒。装有定量检测表达程度的报告基因（抗生素的抗性基因），缺少启动子和终止子，载体本身不能表达报告基因。当含有启动子和终止子的 DNA 片段插入合适的位点，报告基因才能表达。可用来设计筛选克隆基因的表达调控元件，如启动子和终止子。
- 表达质粒。在多克隆位点的上游和下游分别装有两套转录效率较高的启动子，合适的核糖体结合位点（SD 序列），终止子结构，使得克隆在合适位点上的任何外源基因都可在受体细胞中高效表达。

实验室常用的大肠杆菌载体很多。基因工程实验常用大肠杆菌载体见表 2-2。

表 2-2 基因工程实验常用大肠杆菌载体

质粒	分子大小/kb	选择标记基因	克隆位点	功能
pBR322	4.36	*Amp*，*Tet*	*Bam*H I，*Pst* I，*Eco*R I	克隆载体
pUC18/19	2.69	*Amp*，*LacZ*	*Eco*RI，*Hind*III，*Kpn*I，*Bam*HI	测序载体
pGEX	4.9	*Amp*，*LacZ*	*Pst* I，*Mlu* I，*Eco*R V，*Nar* V	次级克隆载体
pKK233-2	4.6	*Amp*，*Tet*	*Sal* I，*Bam*H I，*Pst* I，*Nco* I，*Eco*R I	表达型 *Nco* I 位点提供翻译起始密码子
pSPORT1	4.11	*Amp*	*Eco*R I，*Sal* I，*Pst* I，*Bam*H I，*Hind*III	表达型携有双向 T₇、Sp6 启动子
pEGFP-N3	4.7	*Kan*	*Eco*R I，*Hind*III，*Kpn* I，*Bam*H I，*Not* I	穿梭载体

质粒能编码一些遗传性状，如抗药性（如抗氨苄青霉素、抗四环素等）、耐受重金属、产生细菌素等，被质粒转化的细菌也可获得这些额外的特性。

第三章　学生实验

基 础 篇

实验一　质粒 DNA 的提取与分析技术

在基因操作过程中使用载体有两个目的：一是用它作为运载工具，将目的基因转移到宿主细胞中去；二是利用它在宿主细胞内对目的基因进行大量的复制（称为克隆）。质粒作为基因工程中常用的载体，其提取、纯化与分析技术是基因工程实验技术最基本的技术之一。

本实验将含有质粒 pUC19 和 pEGFP-N3 的大肠杆菌在 LB 固体培养基上培养或者在 LB 液体培养基里进行培养，用碱变性裂解法、煮沸法和试剂盒法从大肠杆菌细胞中分离、提取质粒 DNA——pUC19 和 pEGFP-N3，得到的质粒 DNA 在后续的实验中经限制性核酸内切酶酶切后，进行琼脂糖凝胶电泳分离；经溴化乙啶或者荧光染料染色，在紫外监测仪下检测其质量。本实验通过紫外分光光度法检测并计算所提取的质粒的浓度和纯度。

通过本实验，学生可学习和掌握质粒的提取纯化方法、质粒 DNA 定性与定量分析方法。

【实验目的】

通过本实验，学生可了解载体的基本结构特性等知识，学会微生物（细菌）的培养方法以及提取纯化质粒 DNA 的试剂配制方法，在实验中学会使用各种离心机设备，全面掌握质粒 DNA 的提取纯化技术和质粒 DNA 的定性与定量分析方法。

【实验原理】

载体（vector）是通过基因工程手段将一个外源基因，送到细胞中去并且进行繁殖和表达的运载工具。载体的设计和应用是 DNA 体外重组的重要条件，pEGFP-N3 是一种带有绿色荧光报告基因的质粒 DNA，这种绿色荧光蛋白一经表达，就可以发出鲜亮的绿色荧光，是基因工程实验极好的材料。

所有分离质粒 DNA 的方法都包括三个基本步骤：培养细菌使质粒扩增，收集和裂解细菌，分离和纯化质粒 DNA。裂解细菌是指破碎细胞壁与细胞膜的过程，主要有酶解法（采用溶菌酶可破坏菌体细胞壁，碱性十二烷基硫酸钠（SDS）可使细胞壁裂解）、表面活性剂法（去污剂法）、机械法、沸水法、碱变性法、有机溶剂法。具体选择哪种方法应根据实验室条件和习惯进行选择。

1. 碱变性裂解法提取质粒原理

本实验采用 SDS 碱裂解法（碱变性法）提取质粒，碱变性提取质粒 DNA 是基于染色体 DNA 与质粒 DNA 的变性与复性的差异达到分离的目的。基本原理是利用共价闭合环状质粒 DNA 与线状的染色体 DNA 片段在拓扑学上的差异来分离它们。

DNA 是具有一定结构的物质，一些特殊的环境会导致 DNA 变性，如加热、极端 pH 值、有机溶剂、尿素、酰胺试剂等；而适宜的环境又可以使 DNA 复性。SDS 是一种阴离子表面活性剂，它既能使细菌细胞裂解，又能使一些蛋白质变性，所以 SDS 处理细菌细胞后，会导致细菌细胞壁破裂，从而使质粒 DNA 以及基因组 DNA 从细胞中同时释放出来。将菌悬浮暴露于高 pH 值的强碱性（NaOH）环境中，线状的染色体 DNA 双螺旋结构解开变性；而共价闭合环状质粒 DNA 的氢键虽然断裂，但两条互补链彼此依然相互盘绕而紧密地结合在一起。用酸性乙酸钾来中和溶液，当溶液 pH 值恢复到中性时，共价闭合环状的质粒 DNA 的两条互补链迅速而准确地复性，而线状染色体 DNA 的两条互补链彼此已完全分开。通过离心，染色体 DNA 与细菌蛋白质、破裂的细胞壁会相互缠绕成复合物一起沉淀下来，而质粒 DNA 却留在上清液中。通过这种方法即可将质粒 DNA 从细菌中提取出来。

2. 煮沸法提取质粒原理

染色体 DNA 比质粒 DNA 分子大很多，且染色体 DNA 为线状分子，而质粒 DNA 为共价闭合环状分子。当加热处理 DNA 溶液时，线状染色体 DNA 分子容易发生变性，共价闭合环状的质粒 DNA 分子在冷却时即恢复其天然构象，变性染色体 DNA 片段与变性蛋白质和细胞碎片结合形成沉淀，从而可通过离心将两者分开。

3. 离心柱型试剂盒提取质粒原理

离心柱型试剂盒法采用碱裂解法裂解细胞，通过离心吸附柱在高盐状态下特异性地结合溶液中的 DNA。离心吸附柱中采用的硅基质材料为特有新型材料，高效、专一吸附 DNA，可最大限度去除杂质蛋白及细胞中其他有机化合物。适用于提取 5~15mL 过夜培养的大肠杆菌，质粒提取得率和质量与宿主菌的种类和培养条件、细胞的裂解、质粒拷贝数、质粒的稳定性、抗生素等因素有关。使用试剂盒提取的质粒 DNA 可适用于各种常规操作，包括酶切、PCR、测序、连接、转化、文库筛选、体外翻译、转染一些常规的传代细胞等。

4. 质粒 DNA 浓度测定

所提质粒可以用电泳溴化乙啶或荧光强度法和紫外分光光度法检测浓度和纯度。

质粒 DNA 的分子质量一般在 $10^6 \sim 10^7$Da，本次实验所提质粒 pUC19 的分子质量为 1.7×10^6Da。在细胞内，cccDNA 常以超螺旋形式存在。如果两条链中有一条链发生一处或多处断裂，分子就能旋转而消除链的张力，这种松弛型的分子叫作开环 DNA（open circular DNA，简称 ocDNA）。在电泳时，同一质粒如以 cccDNA 形式存在，则它比其开环和线状 DNA 的泳动速度快，因此在本实验中，自制质粒 DNA 在电泳凝胶中呈现 3 条区带。

本次实验先用紫外分光光度计测定所提质粒在 260nm 和 280nm 处的值（OD_{260} 和 OD_{280}）。对于较纯的核酸样品，其 OD_{260}/OD_{280} 是固定的，对 DNA 样品而言其值约为 1.8，若高于 1.8 则可能有 RNA 污染；低于 1.8 则可能有蛋白质污染。因此可以用测定样品 OD_{260}/OD_{280} 的方法来分析核酸样品的纯度。RNA 的 OD_{260}/OD_{280} 约为 2.0。下面的公式采用测定 OD_{260} 值的方法来测定核酸的浓度：

$$dsDNA(\mu g/mL) = 50 \times (OD_{260} - OD_{310}) \times 稀释倍数$$

$$ssDNA(RNA)(\mu g/mL) = 40 \times (OD_{260} - OD_{310}) \times 稀释倍数$$

OD_{310} 为背景，若溶液盐浓度越高，则 OD_{310} 值也越高。

【主要仪器、材料和试剂】

1. 实验仪器及耗材

$10\mu L$、$100\mu L$、$1000\mu L$ 微量移液器，高速离心机、高速冷冻离心机、制冰机；

5mL 塑料离心管（又称 Eppendorf 离心管）20 个，塑料离心管架 1 个，三角瓶 300mL 和 100mL 各一个，塑料滴管 1 个。

2. 实验材料

大肠杆菌 DH5α（含 pUC19 质粒）、大肠杆菌 DH5α（含有 pEGFP-N3 质粒）。

3. 主要试剂

• 溶液 I：pH 值为 8.0 GET 缓冲液（50mmol/L 葡萄糖、10mmol/L EDTA-Na₂、25mmol/L Tris-HCl），用前加溶菌酶 4mg/mL；

• 溶液 II：0.2mol/L NaOH、1%SDS，现用现配；

• 溶液 III：pH4.8 乙酸钾溶液（60mL 5mmol/L KAc、11.5mL 冰醋酸、28.5mL H₂O），该溶液钾离子浓度为 3mol/L，醋酸根离子浓度为 5mol/L；

• pH 值为 8.0 TE 缓冲液：10mmol/L Tris-HCl、1mmol/L EDTA，其中含

RNA 酶（RNaseA）20μg/mL；

- STET 缓冲液（pH 值为 8.0）（8%蔗糖、0.5%Triton、50mmol/L EDTA、10mmol/L Tris-HCl）：用前加溶菌酶 4mg/mL；
- pH 值为 7.5~8.0 醋酸铵（NH_4Ac）7.5mol/L；
- 酚/氯仿（体积比 1 : 1）；
- 异丙醇；70%乙醇、无水乙醇；
- 氨苄青霉素（Amp）：50mg/mL；
- 卡那霉素（Kan）：10mg/mL。

4. LB（Luria-Bertani）培养基

每升含有胰蛋白胨（Bacto-tryptone）10g、酵母提取物（Bacto-yeast extract）5g、NaCl 10g、琼脂糖或琼脂（固体培养基时用）15g，用 NaOH 调 pH 值至 7.5（也可不调）。

5. 本次实验学生需配制的试剂及准备的工作

（1）配制母液

配制母液，以每组 2~4 人为例：

- 0.5mol/L EDTA-Na_2（pH 值为 8.0）：100mL/组（需灭菌）；
- 1mol/L Tris-HCl（pH 值为 7.4）：100mL/组（需灭菌）；
- 2mol/L NaOH：20mL/组；
- 50mg/mL 氨苄青霉素（Amp）：5mL/组（需过滤除菌，-20℃保存）；
- 10mg/mL 卡那霉素（Kan）：5mL/组（需过滤除菌，-20℃保存）。

（2）配制试剂与培养基

溶液Ⅰ、溶液Ⅲ、TE 缓冲液（pH 值为 8.0）、STET 缓冲液（pH 值为 8.0）、7.5mol/L 醋酸铵（pH 值为 7.5~8.0）各 100mL/组，溶液Ⅱ 20mL/组；

LB 液体培养基 10mL/组。

【操作步骤】

1. 培养细菌

取带有质粒 pUC19 或 pEGFP-N3 的大肠杆菌菌液 200μL 涂布于含有氨苄青霉素（100μg/mL）或卡那霉素（50μg/mL）的 LB 固体平板培养基上，37℃恒温培养箱中培养 18~24h，直至产生明显的菌落。

也可以取带有质粒 pUC19 或 pEGFP-N3 的大肠杆菌菌液 500μL，接种到含有氨苄青霉素（100μg/mL）或卡那霉素（50μg/mL）的 LB 液体培养基（50mL）中，37℃振荡培养 12~18h。

2. 提取制备质粒 DNA

方法一：碱裂解法——醋酸铵纯化

- 用灭菌牙签挑取平板培养基上的菌落，放入 1.5mL Eppendorf 离心管中。

或取液体培养菌液 1.5mL 置于 Eppendorf 离心管中，转速 10000r/min，离心 1min，去掉上清液。加入 150μL GET 缓冲液。充分混匀，在室温下放置 10min。（注：使用 EDTA 的目的是为了去除细胞壁上的 Ca^{2+}，使溶菌酶更易与细胞壁接触）。

● 加入 200μL 新配制的 0.2mol/L NaOH（内含 1%SDS）。加盖，轻轻颠倒 2~3 次，使之混匀，冰上放置 5min。（注：SDS 的作用是能使细胞膜裂解，并使蛋白质变性）。

● 加入 150μL 冰冷的乙酸钾溶液（pH 值为 4.8）。加盖后颠倒数次使混匀，冰上放置 5min。

● 用台式高速离心机，转速为 10000r/min，离心 5min，上清液移入另一干净的离心管中。（注：乙酸钾的作用是沉淀 SDS 和 SDS 与蛋白质的复合物，在冰上放置 5min 是为了使沉淀完全）。如果上清液经离心后仍混浊，应混匀后再冷却至 0℃ 并重新离心。

● 加等体积异丙醇，混匀，室温放置 5min，10000r/min 离心 5min，弃去上清液。

● 加入 200μL 无菌蒸馏水溶解沉淀，待完全溶解后加入 1/2 体积 7.5mol/L 醋酸铵（NH_4Ac），混匀后冰浴 3~5min，以 12000r/min 离心 5min。

● 转移上清液至新的 Eppendorf 管中，并加入等体积异丙醇或 2 倍体积无水乙醇，室温放置 5min 后，4℃ 12000r/min 离心 10min。弃去上清液。

● 沉淀用 70% 乙醇洗涤 1~2 次，小心倒置于吸水纸上，除尽乙醇，室温自然干燥。

● 加入 15~20μL 含有 RNaseA（20μg/mL）的无菌蒸馏水溶解提取物，室温放置 10min 以上，使 DNA 充分溶解，放入 4℃ 冰箱中待用。

在对于质粒的纯度要求不是很严格的情况下建议使用此方法。此方法提取产物因不受酚试剂干扰，有利于发挥内切酶的活性。

方法二：碱裂解法——酚/氯仿纯化

● 取 1.5mL 菌液（经 LB 培养基培养 16h，含有 pUC19 或 pEGFP-N3 质粒大肠杆菌 DH5α），置 Eppendorf 小管中，用转速 10000r/min 的离心机离心 1min，去掉上清液，然后将 Eppendorf 小管倒扣在吸水纸上，上清液尽量去除干净，在沉淀物中加入 150μL GET 缓冲液。充分混匀，在室温下放置 10min。（注：溶菌酶在碱性条件下不稳定，必须在使用时新配制溶液。使用 EDTA 的目的是为了去除细胞壁上的 Ca^{2+}，使溶菌酶更易与细胞壁接触）。

● 加入 200μL 新配制的 0.2mol/L NaOH（内含 1%SDS），加盖，轻轻颠倒 4~5 次，使之混匀，冰上放置 5min。（注：SDS 能使细胞膜裂解，并使蛋白质变性）

● 加入 150μL 冰冷的乙酸钾溶液（pH 值为 4.8），加盖后颠倒数次使混匀，冰上放置 15min。

● 用台式高速离心机，转速为 10000r/min，离心 10min，上清液倒入另一干净的离心管中，（注：乙酸钾能沉淀 SDS 与蛋白质的复合物，在冰上放置 15min 是为了使沉淀完全）。如果上清液经离心后仍混浊，应混匀后再冷却至 0℃ 并重新离心。

● 向上清液中加入等体积酚/氯仿（体积比 1∶1）振荡混匀，用台式高速离心机离心，转速为 10000r/min，离心 10min，将上清液转移至新的离心管中。（注：用酚与氯仿的混合液除去蛋白，效果较单独使用酚或氯仿更好）。

● 向上清液加入 2 倍体积无水乙醇，混匀，室温放置 2min；离心 5min，倒去上清乙醇溶液，把离心管倒扣在吸水纸上，吸干液体。

● 加 0.5mL 70% 乙醇，振荡并离心，倒去上清液，真空抽干或室温自然干燥，待用（可以在 -20℃ 保存）。

● 加入 20μL 含有 RNase A（20μg/mL）的无菌蒸馏水溶解提取物，室温放置 30min 以上，使 DNA 充分溶解待用。

● 将 4μL 自提 pUC19 DNA 或 pEGFP-N3 DNA 稀释到 400μL，使用紫外分光光度计检测仪检测质粒 DNA 的浓度，使自提 pUC19 DNA 或 pEGFP-N3 DNA 终浓度为 0.1μg/μL，备用。

此方法采用酚/氯仿去除蛋白效果好，提取物获得较高纯度。但容易造成实验室空气的污染，所以尽量少用。

方法三：煮沸法

● 用灭菌牙签挑取生长在固体培养基上的菌落 3~5 个，分别放到 1.5mL Eppendorf 管中。

● 加入 500μL STET 缓冲液，涡旋 30s，使其悬浮。

● 沸水浴中煮沸 30~40s。

● 用台式高速离心机离心，转速为 10000r/min，离心 5min，挑去沉淀物。

● 加入 2 倍体积无水乙醇，室温放置 5min，12000r/min 离心 30min，弃去上清液。

● 加入 10μL 含有 RNase A（20μg/mL）的无菌蒸馏水溶解 DNA 提取物，使 DNA 充分溶解待用。

使用此方法快速度提取 DNA，有利于 DNA 的大量筛选。

方法四：试剂盒法

下面以离心柱型质粒小提试剂盒为例介绍提取方法。

使用前请先在漂洗液 PW 中加入无水乙醇，加入体积请参照瓶上的标签。

● 柱平衡步骤：向吸附柱 CP4 中（吸附柱放入收集管中）加入 500μL 的平衡液 BL，12000r/min 离心 1min，倒掉收集管中的废液，将吸附柱重新放回收集管中。

● 取 5~15mL 过夜培养的菌液加入离心管中，12000r/min 离心 1min，尽量吸除上清液。

注意：菌液较多时可以通过几次离心将菌体沉淀收集到一个离心管中。收集的菌体量以能够充分裂解为佳，菌体过多裂解不充分会降低质粒的提取效率。

● 向留有菌体沉淀的离心管中加入 500μL 溶液 P1（请先检查是否已加入 RNase A），使用移液器或涡旋振荡器彻底悬浮细菌细胞沉淀。

注意：如果有未彻底混匀的菌块，会影响裂解，导致提取量和纯度偏低。

● 向离心管中加入 500μL 溶液 P2，温和地上下翻转 6~8 次使菌体充分裂解。

注意：温和地混合，不要剧烈震荡，以免污染基因组 DNA。此时菌液应变得清亮黏稠，所用时间不应超过 5min，以免质粒受到破坏。如果菌液没有变清亮，可能是由于菌体过多，裂解不彻底，应减少菌体量。

● 向离心管中加入 700μL 溶液 P3，立即温和地上下翻转 6~8 次，充分混匀，此时会出现白色絮状沉淀。12000r/min 离心 10min，此时在离心管底部形成沉淀。

注意：P3 加入后应立即混合，避免产生局部沉淀。如果上清液中还有微小白色沉淀，可再次离心后取上清。

● 将上一步收集的上清液分次加入吸附柱 CP4 中（吸附柱放入收集管中，其容量为 750~800μL），注意尽量不要吸出沉淀。12000r/min 离心 1min，倒掉收集管中的废液，将吸附柱 CP4 放入收集管中。

● 可选步骤：向吸附柱 CP4 中加入 500μL 去蛋白液 PD，12000r/min 离心 1min，倒掉收集管中的废液，将吸附柱 CP4 重新放回收集管中。

如果宿主菌是 end A⁺ 宿主菌（TG1、BL21、HB101、JM101、ET12567 等），这些宿主菌含有大量的核酸酶，易降解质粒 DNA，推荐采用此步。

如果宿主菌是 end A⁻ 宿主菌（DH5α、TOP10 等），这步可省略。

● 向吸附柱 CP4 中加入 600μL 漂洗液 PW（请先检查是否已加入无水乙醇），12000r/min 离心 1min，倒掉收集管中的废液，将吸附柱 CP4 放入收集管中。

● 重复上一操作步骤。

● 吸附柱 CP4 放入收集管中，12000r/min 离心 2min，目的是将吸附柱中残余的漂洗液去除。

注意：漂洗液中乙醇的残留会影响后续的酶反应（酶切、PCR 等）实验。为确保下游实验不受残留乙醇的影响，建议将吸附柱 CP4 开盖，置于室温放置数分钟，以彻底晾干吸附材料中残余的漂洗液。

● 将吸附柱 CP4 置于一个干净的离心管中，向吸附膜的中间部位悬空滴加 100~300μL 洗脱缓冲液 EB，室温放置 2~5min，12000r/min 离心 2min，将质粒溶液收集到离心管中。

注意：洗脱缓冲液体积不应少于 100μL，体积过小影响回收效率。洗脱液的 pH 值对于洗脱效率有很大影响。若后续做测序，需以 ddH$_2$O（双蒸水）为洗脱液，并保证其 pH 值在 7.0~8.5 范围内，pH 值低于 7.0 会降低洗脱效率。且 DNA 产物应保存在 -20℃，以防 DNA 降解。为了增加质粒的回收效率，可将得到的溶液重新加入离心吸附柱中，再次离心。

3. 利用分光光度计法测定质粒 DNA 的浓度

取 2μL 自提的质粒 DNA，稀释至 400μL，稀释倍数为 200 倍。同时取 400μL 的无菌水作为对照。分别测定 OD$_{260}$、OD$_{280}$、OD$_{310}$，计算二者的比值 OD$_{260}$/OD$_{280}$，同时计算质粒 DNA 的浓度。

方法一步骤多，其实验流程的如图 3-1 所示。

【实验讨论】

1. 质粒纯化中试剂作用

● 加入溶菌酶是为更好地破坏细胞壁。

● 溶液 I：pH 值为 8.0 有利于溶菌酶发挥作用，使用 EDTA 是为了除去细胞壁的 Ca^{2+}，使溶菌酶更易与细胞壁结合而使之破碎。

● 溶液 II：NaOH-SDS（pH 值为 12.0）有利于细胞裂解，释放细胞内染色体及质粒 DNA、变性染色体 DNA 及蛋白质、变性线性及缺刻 DNA，而共价闭环 DNA 不受影响（但不超过 pH 值为 12.5）。

● 溶液 III：高浓度醋酸钾（pH 值为 4.8）降低溶液 pH 值，复性染色体及线性 DNA 并凝集成不溶网络状聚合物蛋白质-SDS 复合物及 RNA 分子沉淀，离心便于去除；而共价闭环 DNA 以天然状态保留在水溶液中。

● 7.5mol/L 醋酸铵（NH$_4$Ac）（pH 值为 7.5~8.0）：沉淀蛋白质。

● 苯酚-氯仿灭活核酸酶，去除蛋白质：提取质粒 DNA 过程中除去蛋白很重要。

● 异丙醇和无水乙醇：沉淀 DNA。

● 用 RNase 降解溶液中的 RNA。

● 70%乙醇沉淀水相质粒。

2. 注意事项

● 实验中每一步加溶液时应使其充分混匀且动作不要剧烈，以保持环状 DNA 超螺旋形式构象。

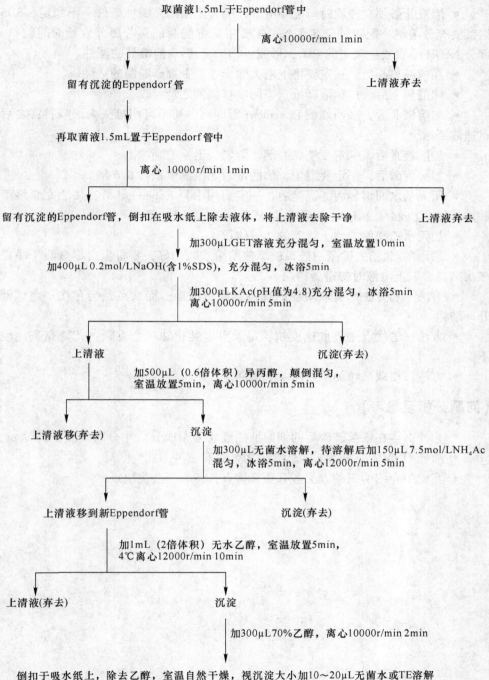

取菌液1.5mL于Eppendorf管中

离心10000r/min 1min

留有沉淀的Eppendorf管   上清液弃去

再取菌液1.5mL置于Eppendorf管中

离心 10000 r/min 1min

留有沉淀的Eppendorf管，倒扣在吸水纸上除去液体，将上清液去除干净   上清液弃去

加300μLGET溶液充分混匀，室温放置10min

加400μL 0.2mol/LNaOH(含1%SDS)，充分混匀，冰浴5min

加300μLKAc(pH值为4.8)充分混匀，冰浴5min
离心10000r/min 5min

上清液   沉淀(弃去)

加500μL（0.6倍体积）异丙醇，颠倒混匀，
室温放置5min，离心10000r/min 5min

上清液移(弃去)   沉淀

加300μL无菌水溶解，待溶解后加150μL 7.5mol/LNH₄Ac
混匀，冰浴5min，离心12000r/min 5min

上清液移到新Eppendorf管   沉淀(弃去)

加1mL（2倍体积）无水乙醇，室温放置5min，
4℃离心12000r/min 10min

上清液(弃去)   沉淀

加300μL70%乙醇，离心10000r/min 2min

倒扣于吸水纸上，除去乙醇，室温自然干燥，视沉淀大小加10～20μL无菌水或TE溶解

图 3-1 碱裂解法——醋酸铵纯化提取质粒 DNA 流程

- 溶液Ⅱ必须在使用时新配制溶液，因为溶菌酶在碱性条件下不稳定，SDS溶液要充分溶解。配制时应注意 NaOH 要用新鲜配制的，若部分放置时间较长，部分 NaOH 会吸收空气中的 CO_2，形成 Na_2CO_3，影响溶液Ⅱ的碱性。
- 在菌液离心后，一定要将上清去除干净，否则影响酶的活性。
- 加溶液Ⅰ后，用称液器枪头来回吸打，使之悬浮。
- 加溶液Ⅱ后，来回颠倒 Eppendorf 管即可，切不可用枪头来回吸打；之后迅速放到冰上。
- 加溶液Ⅲ后，一定要使劲颠倒，混匀后迅速放到冰上。
- 加异丙醇后，一定要混匀，加的量为上清液体积的 0.6 倍。
- 用无菌水回溶异丙醇沉淀后，一定要用手弹 Eppendorf 管，使之完全溶解后才能加 7.5mol/L NH_4Ac。
- 加无水乙醇的量为上清液的 2 倍体积。
- 采用酚/氯仿去除蛋白效果较单独用酚或氯仿好，要将蛋白尽量除干净需多次抽提，取上清液时勿碰蛋白层。
- 方法一和方法二提取质粒的优点是质粒纯净，而缺点是会存在一定比例开环结构。
- 方法三的优点是提取速度快，每天可以纯化 200 个克隆；其缺点是纯度不高。
- 方法四提取质粒的质量高、成本高。

【问题分析及思考】

- 为什么能在细菌破碎后的细菌抽提液（复杂成分）中分离到质粒 DNA？
- 质粒 DNA 的三种形式是什么，为什么有三种形式？
- 实验中介绍的三种方法各有什么特点，各有哪些优缺点？

实验二　琼脂糖凝胶电泳技术

【实验目的】

掌握琼脂糖凝胶电泳的方法。理解琼脂糖凝胶电泳是分离鉴定 DNA 片段的有效方法。

【实验原理】

1. 琼脂糖凝胶电泳

电泳是指带电粒子在电场中向与其自身带相反电荷的电极移动的现象，是分离和纯化 DNA 片段的常用技术。琼脂糖凝胶电泳是利用琼脂糖熔化再凝固后能形成带有一定孔隙的固体基质的特性，其密度取决于琼脂糖的浓度。在电场的作用及中性 pH 的缓冲条件下带负电的核酸分子就可以向阳极迁移。琼脂糖凝胶的浓度影响特定大小的线状 DNA 的迁移率，因此采用不同浓度的凝胶可以分离不同大小范围的 DNA 片段。

当 DNA 长度不同时，来自电场的驱动力和来自凝胶的阻力之间的比率就会降低，不同长度的 DNA 片段就会表现出不同的迁移率。因此，可依据 DNA 分子的大小来分离它们，可通过示踪染料或分子质量标准参照物和样品一起电泳来进行检测。

相对分子质量标准参照物可提供一个用于确定 DNA 片段大小的标准。

2. 凝胶上样缓冲液（Loading Buffer）

可以增加样品密度，并使样品带颜色，起指示作用。

3. 常用染料

- EB（3,8-二氨基-5-乙基-6 苯基菲锭溴盐）（3,8-diamino-5-ethyl-6-phenyl- phebnanthri-dinium Bromide，又称溴化乙啶）（建议尽量不使用）。

EB 染料作用机理如下：EB 能插入 DNA 分子中碱基对之间，导致 EB 与 DNA 结合（超螺旋 DNA 与 EB 结合能力小于双链闭环，而双链闭环 DNA 与 EB 结合能力小于线状双链 DNA），DNA 所吸收的 260nm 的紫外光（UV）可以传递给 EB，或者 EB 本身结合的在 300nm 和 360nm 吸收的射线均在可见光谱的红橙区，并以 590nm 波长发射出来。

EB 染料具有以下很多优点：

- 染色操作简便，快速，室温下染色 15~20min。
- 不会使核酸断裂。
- 灵敏度很高，10ng 或更少的 DNA 即可检出。

- 可以加到样品中，可随时用紫外吸收追踪检查。

但应该特别注意的是，溴化乙啶染色液时，应戴乳胶（或一次性塑料）手套，并且不要将该染色液洒在桌面或地面上，凡是沾污溴化乙啶的器皿或物品，必须经专门处理后，才能进行清洗或弃去。

- SYBR。新型低毒，高灵敏度荧光染料，可直接加入样品中，价格较昂贵。
- GoldView。是一种可代替溴化乙啶（EB）的新型花青类核酸染料，采用琼脂糖电泳检测 DNA 时，GoldView 与核酸结合后能产生很强的荧光信号，其灵敏度与 EB 相当，使用方法与之完全相同。GoldView 与核酸结合后，最大吸收峰为 497nm。另外，其在 254nm 处也有一强吸收峰，发射波长为 520nm，在紫外透射光下双链 DNA 呈现绿色荧光，而且也可用于染 RNA。

通过 Ames 试验、小鼠骨髓嗜多染红细胞微核试验、小鼠睾丸精母细胞染色体畸变试验，致突变性结果均为阴性，用 GoldView 代替 EB 不失为一种明智的选择。

GoldView 核酸染料为 DMSO 溶解，低温时为固体状态，温度到达 20℃ 以上即可融化。

4. 注意事项

- 胶厚度不宜超过 0.5cm，胶太厚会影响检测的灵敏度。
- 虽然未发现 GoldView 有致癌作用，但其由 DMSO 溶解，对皮肤、眼睛会有一定的刺激，操作时应戴上手套。

【主要仪器、材料和试剂】

1. 实验仪器及耗材

电泳仪、电泳槽、紫外凝胶成像系统；

样品槽模板（梳子）、有机玻璃内槽、橡皮膏、锥形瓶（100mL 或 50mL）、玻璃纸、一次性塑料手套。

2. 实验材料

实验一提取的质粒样品：质粒 pBSKPVYCP450 和质粒 pEGFP-N3。

3. 主要试剂

- 0.5×TBE：用 5×TBE 来配制；
- DNA Marker X 和 λDNA+*Hind*Ⅲ Marker（或 1 kb DNA Ladder）；
- 酶反应终止液（10×Loading Buffer）。有两种反应终止液可供选择：

一是 0.1mol/L EDTA-Na$_2$，20% FiColl，适量橙 G。

二是 0.25%溴酚蓝、0.25%二甲苯青 FF（或称二甲苯蓝）、40%蔗糖水溶液（m/V）（或用 30%甘油水溶液）。

- GoldView：新型低毒的高灵敏度荧光染料。

4. 本次实验学生需配制的试剂

配制母液，以每组2~4人为例。

- 5×TBE 缓冲液：100mL/3 组；
- 1%琼脂糖凝胶：20mL/3 组。

【操作步骤】

1. 1%琼脂糖凝胶的制备

- 琼脂糖的溶解。称取 0.3g 琼脂糖，置于耐高温高压试剂瓶中，加入 30mL TBE（0.5×TBE）缓冲液（视凝胶内槽大小配制合适的量），将该试剂瓶放入高压锅内加热至 121℃时维持 10min，琼脂糖即可全部融化在缓冲液中，取出摇匀，即为 0.1%琼脂糖凝胶液。除此之外，也可微波炉加热 1~2min 直至琼脂糖溶解，用微波炉加热时注意琼脂糖颗粒难溶，要反复观察溶液中的琼脂糖颗粒是否完全溶解，并且防止溶液溢出。

- 胶板的制备。取有机玻璃内槽，洗净、晾干。取胶带（宽约 1cm）将有机玻璃内槽的两端边缘封好（注意，将橡皮膏紧贴在有机玻璃内槽两端边上，不要留空隙）形成一个边脚模子。目前使用的胶版不需封边，直接放置做胶器中即可。

- 将有机玻璃内槽置于一水平位置，放好样品槽模板（梳子）（图 3-2）。

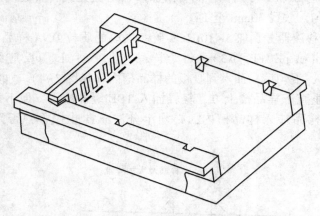

图 3-2 有机玻璃内槽和放置好的模板（梳子）

- 将冷却至 65℃左右的琼脂糖凝胶液充分摇匀，小心地倒在有机玻璃内槽上，控制灌胶速度，使胶液缓慢地展开，直到在整个有机玻璃板表面形成均匀的胶层（见图 3-3）。室温下静置 30min 左右，凝胶时间不充分直接影响 DNA 的分离效果。

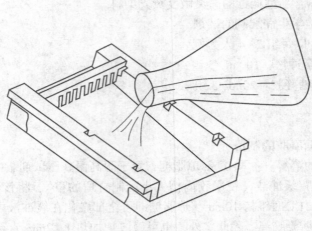

图 3-3　灌胶过程

- 待凝固完全后大约 30min，制备好胶板后应取下橡皮膏，将铺胶的有机玻璃内槽放在电泳槽中备用。将电泳槽内注满 TBE 稀释液（注意：使 TBE 稀释液刚没过胶即可）。

- 轻轻拔出样品槽模板（梳子），在胶板上即形成相互隔开的加样槽。

2. 加样

- 预先染色 DNA：分别在样品管内加入 5μL 荧光染料（含酶反应终止液），与样品充分混匀，放置 30min 至 1h。

- 用微量移液器分别取 5~10μL 实验一提取的质粒 DNA 样品（质粒 pBSK-PVYCP450 和质粒 pEGFP-N3），每个样品再加入 1μL 酶反应终止液（10×Loading Buffer），混匀后，加入到胶板的样品槽内（见图 3-4）。加样时，将微量移液器的枪头垂直于样品槽上方，轻轻插入 TBE 缓冲液中，但不能碰到样品槽的凝胶面，将样品加入样品槽内，必须十分注意此步操作，否则会影响电泳效果。

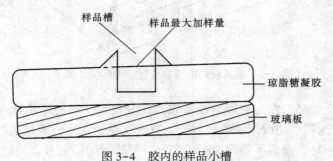

图 3-4　胶内的样品小槽

● 每次加完一个样品，及时更换微量移液器吸头，以防止相互污染。加样时，应防止碰坏样品槽周围的凝胶面（影响电泳效果），每个样品槽的加样量不宜过多，本实验室样品槽容量约 15~20μL。

3. 电泳

● 正确连接电泳槽与电泳仪的正负极，DNA 在此条件下带有负电（加样孔处负极），会向正极运动。

● 加完样品后的凝胶板立即通电，进行电泳。但要注意控制一定的条件，样品进胶前，应使电流控制在 20mA，样品进胶后电流为 30mA。当溴酚蓝染料移动到距离胶板下沿 1~2cm 处时，停止电泳。

在低电压条件下，线形 DNA 片段的迁移速度与电压成比例关系。但是，电场强度增加时，不同分子质量的 DNA 片段泳动度的增加是有差别的。因此，随着电压的增加，琼脂糖凝胶的有效分离范围随之减小。为了获得电泳分离 DNA 片段的最大的分辨率，电场强度不应高于 5V/cm。

电泳温度视需要而定，对大分子的分离，以低温较好，也可在室温下进行。在琼脂糖凝胶浓度低于 0.5% 时，由于胶太稀，最好在 4℃ 进行电泳以增加凝胶硬度。

4. 染色

胶染色：在融化琼脂糖凝胶后，待胶冷却 50℃ 左右，加入 1/10 Goldview 染料，再倒胶。

后染色：也可以将电泳结束后的凝胶浸入 Goldview 染色液中 10~15min，染色后，在紫外光下观察在琼脂糖凝胶中 DNA 带型。

5. 拍照观察

将电泳结束后的凝胶放置在成像仪上，用凝胶自动成像仪处理凝胶，拍摄照片，分析结果。注意：学生照相过程中应用手保护凝胶板以防止凝胶滑落到地上。

【实验结果】

以实验一提取的质粒 DNA 为样品，经 1% 琼脂糖凝胶电泳所得结果如图 3-5 所示。其中泳道 1、泳道 2 为提取的质粒 pEGFP-N3，显示 2 条条带，其中比较亮的条带为超螺旋环状 DNA，表明该质粒提取效果很好。泳道 4、泳道 5 为提取的质粒 pBSKPVYCP450，显示 2 条条带。条带下面的白色区域为 RNA，今后需要用 RNAase 处理。

【实验讨论】

影响迁移率的因素包括：

● DNA 分子的大小。DNA 分子通过琼脂糖凝胶的速度（电泳迁移率）与其相对分子质量的常用对数成反比。

● 琼脂糖凝胶的浓度。胶的浓度越低，适用于分离的 DNA 越大，这是一个总的规律（表3-1）。不过浓度太低，制胶有困难，电泳结束后将胶取出来也有困难。

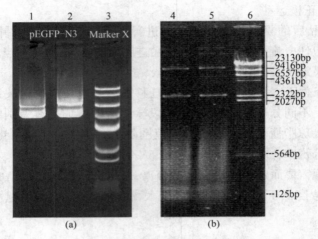

图 3-5　质粒 DNA 的琼脂糖凝胶电泳图谱

（a）泳道 1、2 自提质粒 pEGFP-N3，泳道 3 DNA 分子质量标准（Marker X）；

（b）泳道 4、5 自提质粒 pBSKPVYCP450，泳道 6 DNA 分子质量标准（λDNA+*Hind*Ⅲ Marker）

表 3-1　琼脂糖凝胶浓度与分辨 DNA 大小范围的关系

琼脂糖凝胶浓度/%	可分辨的线性 DNA 大小范围/kb
0.3	60~5
0.6	21~1
0.7	10~0.8
0.9	7~0.5
1.2	6~0.4
1.5	4~0.2
2.0	3~0.1

● DNA 的构象。DNA 的电泳速度次序为 cccDNA>l-DNA>ocDNA。根据 Aaij 和 Borst 的琼脂糖凝胶电泳研究的结果，发现在分子质量相当的情况，DNA 的电泳速度次序如下：共价闭环 DNA>直线 DNA>开环的双链环状 DNA（本实验结果也应如此），如图 3-4 所示。但琼脂糖浓度太高时，共价闭合环状 DNA（一般位球形）不能进入胶中，相对迁移率为 0（$R_m = 0$），而同样大小的直线双链 DNA

（刚性棒状）可以按长轴方向前进（$R_m > 0$）。由此可见，构型不同，在凝胶中的电泳速度差别较大。用琼脂糖凝胶电泳相差一个超螺旋的 DNA 也可以分开。除 DNA 外，RNA 同样也如此。

- 所加电压。一般 5V/cm。通过对琼脂糖凝胶电泳分离大分子 DNA 条件的研究，发现以低浓度、低电压分离效果较好。胶的浓度越低，适用于分离的 DNA 越大，这是一个总的规律。不过浓度太低，制胶有困难，电泳结束后将胶取出来也有困难。在低电压情况下，线性 DNA 分子的电泳迁移率与所用电压成正比。但是如果电压增高，电泳分辨力反而下降。因为电压升高了，样品流动速度增快，大分子在高速流动时，分子伸展开了，摩擦力也增加，分子质量与移动速度就不一定呈线性关系。

【问题分析及思考】

- 为什么 DNA 电泳速度共价闭环 DNA>直线 DNA>开环的双链环状 DNA，当经一种限制性内切酶酶切后，电泳时应该能看到几条带，分别为哪种构型的 DNA 分子？
- 在琼脂糖凝胶电泳（制备胶板、加样、电泳）过程中的注意事项是什么？
- DNA 染色有几种方法，使用时要注意哪些事项？

实验三　PCR 扩增技术

【实验目的】

通过本实验，学生可以了解 PCR 基因扩增的原理，掌握 PCR 体外扩增 DNA 的技术，理解影响 PCR 基因扩增的因素及注意事项，为今后在科研中运用 PCR 方法扩增目的基因打下良好基础。

实验中需要学生掌握基因体外扩增的实验设计、思路及基本方法，掌握查找相关信息并利用其进行实验设计的能力；在实践中学习基因工程实验的基本操作和方法，培养实验动手能力以及独立提出、分析、解决问题的能力。

【实验原理】

DNA 的半保留复制是生物进化和传代的重要途径。双链 DNA 在多种酶的作用下可以变性解链成单链，在 DNA 聚合酶与启动子的参与下，根据碱基互补配对原则复制成同样的两分子并拷贝。在实验中发现，DNA 在高温时也可以发生变性解链，当温度降低后又可以复性成为双链。因此，通过温度变化控制 DNA 的变性和复性，并设计引物做启动子，加入 DNA 聚合酶、dNTPs 就可以完成特定基因的体外复制。

1985 年美国 PE-Cetus 公司人类遗传研究室的 Mullis 等发明了具有划时代意义的聚合酶链式反应（polymerase chain reaction，PCR）。PCR 是体外酶促合成特异 DNA 片段的方法。其原理类似于 DNA 的体内复制，只是在试管中给 DNA 的体外合成提供已知的一种合适的条件——模板 DNA、寡核苷酸引物、dNTPs、DNA 聚合酶、合适的缓冲体系，通过高温变性——低温退火——中温延伸若干个循环后，使目的 DNA 片段得到扩增。这就是著名的 PCR 基因体外扩增技术。

PCR 扩增技术主要由高温变性、低温退火和适温延伸 3 个步骤反复热循环构成，即在高温（94~95℃）下，将待扩增的靶 DNA 双链受热变性成为两条单链 DNA 模板；而后在低温（37~55℃）情况下，使两条人工合成的寡核苷酸引物与互补的单链 DNA 模板结合，形成部分双链；在 Taq 酶的最适温度（72℃）下，以引物 3′端为合成的起点，以单核苷酸为原料，沿模板以 5′→3′方向延伸，合成 DNA 新链。这样，每一双链的 DNA 模板，经过一次解链、退火、延伸三个步骤的热循环后就成了两条双链 DNA 分子。DNA 经变性、退火和延伸阶段，称为一个循环，如此反复进行，每一次循环产生的 DNA 均能成为下一次循环的模板，每一次循环都使两条人工合成的引物间的 DNA 特异区拷贝数扩增 1 倍，PCR 产物得以 2^n 的指数形式迅速扩增，若干个循环后，DNA 扩增倍数可达 2^n 倍。可用公式表示为：$Y=(1+X)^n$，式中 $Y=$ DNA 扩增倍数，$X=$ 扩增效率，$n=$ 循环数，如果 $X=100\%$，$n=20$，那么 DNA 扩增为 $Y=1048576$ 倍。

经过 25~30 个循环后，理论上可使基因扩增 10^9 倍以上，实际上一般可达 $10^6 \sim 10^7$ 倍。

PCR 通过以下三个步骤：

- DNA 链的热变性（Denaturation step）；
- 引物退火（Annealing step）；
- 聚合酶作用下引物的延伸（Extension step）。

以上三个步骤循环往复，可在短时间内扩增 DNA 达 10^5 倍以上。PCR 反应扩增基因的原理如图 3-6 所示。

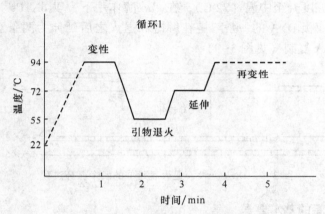

图 3-6 PCR 反应扩增基因的原理

1. DNA 变性、退火和延伸过程

（1）DNA 变性的过程

加热使模板 DNA 在高温下（94~95℃）变性，热变性使 DNA 双链打开（见图 3-7）。

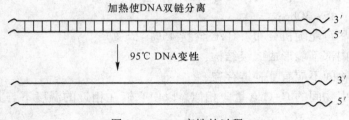

图 3-7 DNA 变性的过程

（2）DNA 变性后退火的过程

降低溶液温度（58℃），使合成引物在低温下与模板 DNA 互补退火形成部分双链→引物结合到模板→聚合酶识别双链（见图 3-8）。

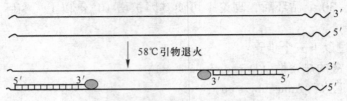

图 3-8　DNA 经变性后退火的过程

（3）DNA 变性、退火后延伸过程

溶液反应温度升至中温（72℃），在 *Taq* 酶作用下，以 dNTPs 为原料，引物为复制起点，模板 DNA 的一条双链在解链和退火之后延伸为两条双链—聚合酶延伸引物→DNA 复制（见图 3-9）。

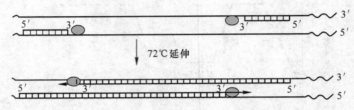

图 3-9　DNA 变性、退火后延伸的两个循环过程

2. PCR 体系的基本要素

（1）模板

模板可以是单链，也可以是双链；可以是提取的染色体 DNA，也可以是克隆的质粒 DNA；可以是线性，也可以是环状 DNA 分子。

（2）引物

一对寡核苷酸引物分别与模板 DNA 链两侧的 3′端序列互补，可使二者间的 DNA 序列得到扩增。引物设计的总原则：

- 长度：15~30bp；
- 碱基尽可能随机分布（G+C 含量 45%~55%）；
- 引物内部不能形成二级结构；
- 两引物间不应有互补链存在；
- 成对引物间的 G+C 含量应相似，以使它们在相近的温度下与其互补序列结合；
- 3′端一定要与模板严格配对；
- 5′端引入的突变、加酶切位点等，应根据下一步实验中要插入 PCR 产物的载体的相应序列确定；

- 辅助软件：Primer 5、Oligo、DNAsis 等对引物二聚体的形成、自身互补性及特异性进行分析；

- 引物 T_m：DNA 分子一半为单链，另一半为双链时的温度称为该复合体的溶解温度 T_m，与 G+C 含量有关。短的寡核苷酸（小于 25nt）的退火温度可用下列公式计算：

$$T_m = 2(A+T) + 4w_{G+C}$$

（3）耐热的 DNA 聚合酶

Taq DNA 聚合酶或其类似物，通常可在高温下（72℃）催化 DNA 合成，并且加热至 95℃ 不变性。本实验所用的 *TaKaRa Taq* 是一种 94kDa 的高纯度耐热性 DNA 聚合酶，是把 *Thermus aquaticus* YT-1 株的 DNA Polymerase 基因在大肠杆菌中表达后分离提取得到的，与野生型 DNA Polymerase 具有相同的功能。

（4）缓冲液

缓冲液提供 DNA 合成反应所需的 pH、离子强度等环境。其中二价阳离子的存在至关重要，镁离子优于锰离子，而钙离子则无效。镁离子的最佳作用浓度相当低（1.5mmol/L），因此制备的模板含有 DNA 中不应含有高浓度的螯合剂，如EDTA；也不应含有高浓度的负电荷离子基团，如磷酸根。

（5）四种单核苷酸（dATP、dGTP、dCTP 及 dTTP）混合物

四种单核苷酸（dATP、dGTP、dCTP 及 dTTP）混合物提供 DNA 合成的原料。

3. 常规 PCR 反应

- 在微量离心管中加入适量缓冲液，加微量模板 DNA、4 种脱氧单核苷酸（dNTPs）和耐热 *Taq* 聚合酶及 2 个合成 DNA 引物，并有 Mg^{2+} 存在。

- 加热使模板 DNA 在高温下（94～95℃）变性，双链解链，这就是变性阶段。

- 降低溶液温度，使合成引物在低温（50℃）与模板 DNA 互补退火形成部分双链，这是退火阶段。

- 溶液反应温度升至中温（72℃），在 *Taq* 酶作用下，以 dNTPs 为原料，引物为复制起点，模板 DNA 的一条双链在解链和退火之后延伸为两条双链，这是延伸阶段。

如此重复，改变反应温度，即高温变性、低温退火、中温延伸 3 个阶段。这 3 次改变温度为一个循环。每循环一次使特异区段基因拷贝数扩大 1 倍，一般 30 次循环，基因放大数百万倍。

4. 菌落 PCR

这是一种方便快捷的检测重组子的方法，和一般的 PCR 原理相同，就是直接挑选转化后的白色单菌落作为模板，在微量离心管中加入适量缓冲液、4 种脱

氧单核苷酸（dNTPs）和耐热 *Taq* 聚合酶及两个合成 DNA 引物，并有 Mg^{2+} 存在，进行 PCR 反应，扩增出的目的片段即是阳性菌落，没有目的片段产生的菌落为阴性菌落。对于阳性菌落后续可以通过酶切反应进一步鉴定。由于 PCR 扩增反应的影响因素太多，所以通过菌落 PCR 只能进行初次筛选，之后必须用酶切进行最终鉴定，这样可以节省许多限制性核酸内切酶。

【主要仪器、材料和试剂】

1. 实验仪器及耗材

PCR 仪、微量移液器、微量取液器（10μL、200μL、1000μL）、台式高速离心机、瞬时离心机、电泳装置及电泳仪、恒温水浴锅、电热恒温培养箱、无菌工作台、凝胶成像系统等。

PCR 反应小管、离心管架、玻璃平皿。

2. 实验材料

含有 pBSKPVYCP450 质粒的大肠杆菌 DH5α 菌株和含有 pET-28a-GFP 质粒的大肠杆菌 BL21（DE3）菌株。

3. 主要试剂

- 模板：pBSKPVYCP450 质粒和 pET-GFP 质粒。
- 引物：本实验所用的引物序列见表 3-2。

表 3-2　PCR 引物序列

引物名称	引物序列
PVYCP450F（*BamH* I）	5′-GCGCGGATCCGGAGTTTGGGTTATGATGGATG-3′
PVYCP450R（*Kpn* I）	5′-GCGCGGTACCTCACATGTTCTTGACTCCAAGTAC-3′
EGFPF（*Hind* III）	5′-CCCAAGCTTCCATGGTGAGCAAGGGCGAG-3′
EGFPR（*Xho* I）	5′-CCGCTCGAGTTACTTGTACAGCTCGTCCATGCC-3′

- *Taq* 酶：*TaKaRa*。
- 4dNTPs：*TaKaRa*。
- 10×PCR 缓冲液或 2×*Taq* PCR Master Mix：BIOMIGA。
- 无菌水。
- DNA Marker：DL2000。
- 琼脂糖（进口）。
- TBE 缓冲液（0.5×TBE）。

4. 本次实验学生需配制的试剂

PCR 专用管灭菌：10 个/组；

灭菌的双蒸水 1.0mL：5 个/组。

【操作步骤】

1. PCR 扩增目的基因

• Eppendorf 管中按表 3-3 加入各种成分。但对照样品管不加 Taq 酶，其余反应物照常加入。

表 3-3　PCR 反应所需的成分

反应物	体积/μL	终浓度
ddH$_2$O	39.25	
模板 DNA	0.5	5ng～10ng/每个反应
上游引物（10μmol/L）	0.5	25pmol/每个反应
下游引物（10μmol/L）	0.5	25pmol/每个反应
dNTP mixture（10mmol/L）	4.0	200μmol/每种 dNTP
10×缓冲液+MgCl$_2$	5.0	1×缓冲液
Taq 酶	0.25	（12.5U）
总体积	50	

根据需要，可使用 10×PCR Buffer（-）（Mg^{2+} Free）和 MgCl$_2$ 溶液，以便调整 Mg^{2+} 浓度。也可以使用 2×Taq PCR Master Mix 产品，直接加入模板 DNA 和上、下游引物即可。

• 样品混匀后，放入 PCR 仪中，按表 3-4 中的条件进行 PCR 反应（具体反应条件请参照购买的 Taq 酶或 Taq PCR Master Mix 产品说明书）。

表 3-4　PCR 扩增基因的反应条件

反应阶段	反应条件		
预加热		94℃	2min
PCR 扩增 30 个循环	步骤 1	94℃	30s
	步骤 2	60℃	30s（扩增 PVYCP450）
		58℃	50s（扩增 EGFP）
	步骤 3	72℃	30s（扩增 PVYCP450）
		72℃	1min（扩增 EGFP）
延长反应		72℃	10min

• 反应结束后，可放入 4℃ 冰箱中保存。

• 琼脂糖凝胶电泳鉴定：加入 1/5 体积的 6×Loading Buffer，取 3μL 和 8μL 反应液上样，电极缓冲液为 0.5×TBE 进行 1% 的琼脂糖凝胶电泳，电压 40V。电泳结束后用 GoldView 染色 10min（也可以先将 GoldView 染色剂加入到琼脂糖凝胶中，然后进行电泳），利用紫外凝胶成像系统观察拍照，进行结果分析，PCR产物应为一条明显的、单一的荧光带。

2. 菌落 PCR 扩增目的基因产物

• 在无菌 Eppendorf 管中按表 3–5 加入各种成分，同时设立阳性对照和阴性对照。其中挑取的待鉴定的白色菌落为质粒 pBSKPVYCP450 转化大肠杆菌 DH5α 后产生的转化子，阳性对照所加的 DNA 模板为质粒 pBSKPVYCP450，阴性对照所加的 DNA 模板为 dH₂O。

表 3–5　菌落 PCR 扩增的反应成分

反应物	体积/μL
10×PCR Buffer	1.0
dNTP	0.5
正向引物	0.25
反向引物	0.25
DNA 模板	挑取转化后的白色单菌落
ddH₂O	6.5
Taq 酶	1.0
总体积	10

• 反应物混合完全后置于 PCR 仪中，设定温度条件。

94℃反应 2min 后开始以下循环：94℃变性反应（30s）→60℃退火（30s）→72℃延伸反应（30s），30 次循环；待反应结束后，于 72℃延伸反应 10min。

• 1%琼脂糖凝胶检验特异条带。

【实验结果】

1. 目的基因片段的获得

本实验以 pBSKPVYCP450 质粒为模板，在引物 PVYCP450F（*Bam*H I）和 PVYCP450R（*Kpn* I）作用下，PCR 扩增获得基因片段，结果如图 3–10 所示，泳道 4、泳道 5 为阴性对照，无目标产物产生，表明反应体系没有被污染；泳道 1、泳道 3 为 PCR 扩增产物，可以看出在 450bp 处产生一特异性目标条带，与预期结果相符，表明 PCR 反应扩增成功。

以 pET–GFP 质粒为模板，在引物 EGFPF（*Hind*Ⅲ）和 EGFPR（*Xho*I）作用下，PCR 扩增获得基因片段结果如图 3–11 所示，泳道 4、泳道 7 为阴性对照，无目标产物产生，表明反应体系没有被污染；泳道 2、泳道 3、泳道 5、泳道 6 为 PCR 扩增产物，可以看出在 700bp 处产生一特异性目标条带，与预期结果相符，表明 PCR 反应扩增成功。

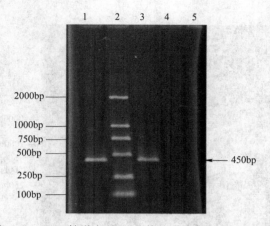

图 3-10　PCR 扩增出 4500bp 的基因片段（PVYCP450）

泳道 1、泳道 3—PCR 特异产物为 450bp 的基因片段（PVYCP450）；

泳道 4、泳道 5—PCR 产物对照，因反应中无酶加入所以无扩增产物；

泳道 2—DNA 分子标准：分别为 2000bp、1000bp、750bp、500bp、250bp、100bp

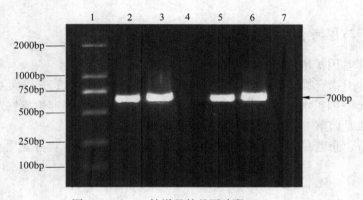

图 3-11　PCR 扩增目的基因片段（EGFP）

泳道 2、泳道 3、泳道 5、泳道 6—PCR 特异产物为 700bp 的基因片段；

泳道 4、泳道 7—PCR 产物对照，因反应中无酶加入所以无扩增产物；

泳道 1—DNA 分子标准：分别为 2000bp、1000bp、750bp、500bp、250bp、100bp

2. 菌落 PCR 扩增结果

以转化质粒 pBSKPVYCP450 筛选得到的白色菌落为模板，利用 PCR 扩增技术进行菌落 PCR 反应，所得结果如图 3-12 所示，泳道 1 为阳性对照，在 450bp 产生一条特异性条带，表明 PCR 反应正常；泳道 8 为阴性对照，没有任何条带产生，表明 PCR 反应体系没有污染，可用于进一步检测；泳道 2~泳道 7 均为菌落 PCR 扩增结果，在 450bp 处均产生特异性条带，表明菌落 2~6 均为阳性菌落，可用于后续的酶切鉴定实验进一步进行检测。

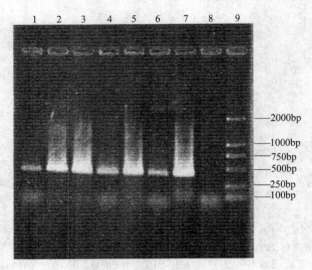

图 3-12　菌落 PCR 扩增结果

泳道 1—阳性对照；泳道 8—阴性对照；泳道 2～泳道 7—转化后的白色菌落；泳道 9—DNA Marker DL2000

【问题分析与思考】

- PCR 基因扩增的原理是什么？
- 设计引物有哪些原则，设计一对绿色荧光蛋白基因引物并确定其正确性。
- PCR 基因扩增中什么是非特异性产物，为什么会产生非特异性产物？
- 什么是菌落 PCR，操作时应注意哪些事项？
- 制备琼脂糖凝胶，预染色 DNA，加样和电泳过程中，应注意哪些事项？

实验四　DNA 酶切与检测技术

【实验目的】

训练学生正确使用微量移液器，了解限制性内切酶及酶切的条件，学会分析质粒 DNA 的酶切图谱，学习和掌握限制性内切酶的特性、酶解和琼脂糖凝胶电泳的基本技术。

【实验原理】

限制性内切核酸酶（也可称限制性内切酶）是在细菌对噬菌体的限制和修饰现象中发现的。细菌细胞内同时存在一对酶，分别为限制性内切酶（限制作用）和 DNA 甲基化酶（修饰作用）。它们对 DNA 底物有相同的识别顺序，但生物功能却相反。由于细胞内存在 DNA 甲基化酶，它能在限制性内切酶识别的若干碱基上甲基化，避免限制性内切酶对细胞自身 DNA 的切割破坏，而对感染的外来噬菌体 DNA，因无甲基化而被切割破坏。

目前已发现的限制性内切酶有数百种。$EcoR$ I 和 $Hind$ III 都属于 II 型限制性内切酶，这类酶的特点是具有能够识别双链 DNA 分子上的特异核苷酸顺序的能力，能在这个特异性核苷酸序列内，切断 DNA 的双链，形成一定长度和顺序的 DNA 片段。$EcoR$ I 和 $Hind$ III 的识别序列和切口是：

$EcoR$ I：G↓AATTC。

$Hind$ III：A↓AGCTT。

G、A 等核苷酸表示酶的识别序列，箭头表示酶切口。限制性内切酶对环状质粒 DNA 有多少切口，就能产生多少个酶解片段，因此鉴定酶切后的片段在电泳凝胶中的区带数，就可以推断酶切口的数目，从片段的迁移率可以大致判断酶切片段大小的差别。用已知分子质量的线状 DNA 为对照，通过电泳迁移率的比较，可以粗略地测出分子形状相同的未知 DNA 的分子质量。采用 $EcoR$ I 和 $Hind$ III 分别酶切 λDNA，其酶切片段作为样品酶切片段大小的分子质量标准，λDNA-$EcoR$ I 酶解片段见表 3-6 和表 3-7。

表 3-6　λDNA-$EcoR$ I 酶解片段

片段	碱基对数目/kb	分子质量/Da
1	21.226	13.7×10^3
2	7.421	4.74×10^6
3	5.804	3.73×10^6

续表 3-6

片段	碱基对数目/kb	分子质量/Da
4	5.643	$3.48×10^6$
5	4.878	$3.02×10^6$
6	3.530	$2.13×10^6$

表 3-7　λDNA-HindⅢ 酶解片段

片段	碱基对数目/kb	分子质量/Da
1	23.130	$15.0×10^6$
2	9.419	$6.12×10^6$
3	6.557	$4.26×10^6$
4	4.371	$2.84×10^6$
5	2.322	$1.51×10^6$
6	2.028	$1.32×10^6$
7	0.564	$0.37×10^6$
8	0.125	$0.08×10^6$

质粒的加工需要工具酶，限制性核酸内切酶是重要的工具酶之一。对质粒加工所需的限制性核酸内切酶的选择依据是质粒图谱，往往在质粒图谱上的多克隆位点中选择合适的限制性核酸内切酶。实验中所用的质粒 pEGFP-N3 的质粒图谱及多克隆位点如图 3-13 所示。

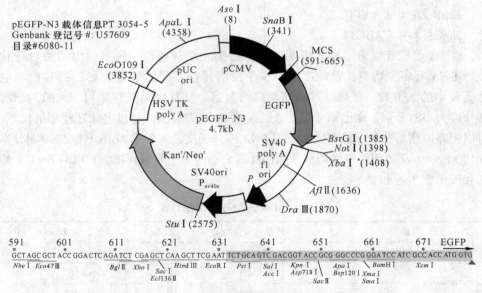

图 3-13　pEGFP-N3 质粒酶切图谱及其多克隆酶切位点

注意：pEGFP-N3载体的限制性内切酶图谱和多克隆位点（MCS）（特有的限制性内切酶位点用粗体表示），限制性内切酶*Not* I位点紧跟在增强型绿色荧光蛋白基因终止密码子。BD生命科学出口公司提供的质粒DNA中限制性内切酶*Xba* I位点（＊）已甲基化。如果想用限制性内切酶*Xba* I消化载体，则需要将此载体转化到去甲基化基因阴性的宿主中，使载体DNA避免甲基化。

【主要仪器、材料和试剂】

1. 实验仪器与耗材

20μL和200μL微量移液器、电泳仪及电泳槽、恒温水浴锅、台式高速离心机、紫外凝胶自动成像仪；

5mL塑料离心管10个，0.5mL Eppendorf管7个，塑料离心管架（30孔）1个，锥形瓶（100mL或50mL），常用玻璃仪器及滴管等，样品梳子，有机玻璃内槽等。

2. 实验材料

自提的pEGFP-N3质粒和pUC19质粒，自己扩增的PCR扩增产物（PVYCP450）。

3. 主要试剂

- 核酸内切酶：*Bam*HI核酸内切酶，*Xho* I核酸内切酶，*Kpn* I核酸内切酶；
- 酶解反应液：10×K Buffer和0.5×K Buffer；
- Marker：DL-2000和λDNA-*Hind*Ⅲ酶切的分子质量标准；
- 琼脂糖（进口）；
- TBE缓冲液（0.5×TBE）；
- 酶反应终止液（10×Loading Buffer）；
- DNA染色液：GoldView染色液。

4. 本次实验学生需配制的试剂

EP管灭菌：10个/组。

【操作步骤】

1. 载体DNA和目的基因的酶切

以前面实验提取的pUC19质粒、pEGFP-N3和PCR扩增的基因为材料，用微量移液器按表3-8所示分别将各种试剂加入1.5mL无菌的Eppendorf管内。

加样后，小心混匀，编号后，置于37℃水浴中，酶解2~3h（有时可以过夜），各酶解样品可放入冰箱中储存备用或直接进行琼脂糖凝胶电泳鉴定。需要注意的是在加样时，要精神集中，严格操作，反复核对，做到准确无误。加样时不仅要防止错加或漏加的现象，而且还要保持公用试剂的纯净。应该指出，该项操作环节是整个实验成败的关键之一。

表 3-8　DNA 酶解加样

	反应物	体积/μL		
样品	PCR 扩增产物	20	0	0
	自己提取的 pET-GFP			8
	自己提取的 pUC19	—	5	—
内切酶	EcoR I	1.5	1	—
	BamH I	1.5	1	—
	Xho I	—	—	1
酶解缓冲液	0.5×K	5	5	5
水	H_2O	22	38	36
总体积		50	50	50

2. 酶切产物的电泳检测

取 2μL 酶切质粒加上样缓冲液进行 1%琼脂糖凝胶电泳进行鉴定。检测质粒酶切效果并估算浓度。

【实验结果】

以之前实验自己提取的 pET-GFP 为材料，分别用 BamH I 和 Xho I 两种限制性内切酶进行酶解反应，所得结果如图 3-14（a）所示，经双酶切产生 700bp 片段。

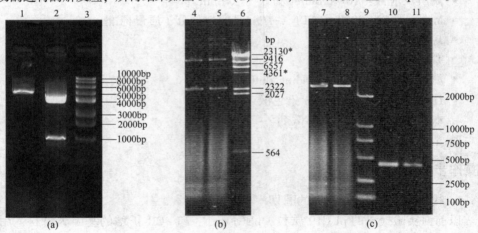

图 3-14　质粒及 PCR 产物双酶切后的电泳图谱

（a）pET-GFP 双酶切后的电泳图谱；（b）pUC19 质粒的电泳图谱图；

（c）pUC19 质粒和 PCR 产物双酶解后的电泳图谱

泳道 3—1kb DNA Ladder；泳道 6—λDNA+$Hind$Ⅲ酶切产物；泳道 9—DNA Marker DL2000；泳道 1、泳道 4、泳道 5—自提质粒 DNA 未酶解；泳道 2—自提质粒 DNA 经双酶切产生 700bp 片段；泳道 7、泳道 8—自提质粒 DNA 经双酶切产生 2690bp 片段；泳道 10、泳道 11—扩增 PCR 产物经双酶切产生的 450bp 片段以之前实验自己提取的 pUC19 质粒和自己扩增的 PCR 产物为材料，分别用 *Bam*H I 和 *Eco*R I 两种限制性内切酶进行酶解反应，所得结果如图 3-14 （b） 和图 3-14 （c） 所示。双酶解后的质粒在 2.6kb 处产生一条带，双酶解后的 PCR 扩增产物在 470bp 处产生目标带。

【实验讨论】

1. 影响核酸限制性内切酶活性的因素

- DNA 的纯度：DNA 本身的纯度直接影响酶切效率，DNase、蛋白质、ED-TA、SDS、高浓度的盐离子、酚、氯仿、乙醇等均有可能影响限制性内切酶的活性。
- DNA 的甲基化程度：限制性内切酶不能切割甲基化的核苷酸序列。
- 酶切消化反应的温度：大多数为 37℃，但也有许多例外。
- DNA 的分子结构：DNA 的空间结构、识别位点的侧翼序列、DNA 来源、识别位点种类等对酶切均有不同程度的影响。
- 溶液中离子浓度及种类。

2. pUC19 的电泳行为

- 标准质粒 pUC19 与提取的 pUC19 经限制性内切酶（*Eco*R I 或 *Hind* Ⅲ，或其他单一切口的酶）酶解，只能观察到一条条带，这是因为它具有多个限制性内切酶的单一切点。
- 标准质粒 pUC19 与自己提取的 pUC19 经过酶解（*Eco*R I 或 *Hind* Ⅲ，也可以用其他单一切口的酶）只观察到一条带，因为它具有多个限制性内切酶的单一切点。如果不是一条带，可能由于酶量加得不足，使 pUC19 不能完全被酶解成线性分子，或掺有其他形状分子所造成。

3. 注意事项

限制性内切酶需保存于 −20℃，操作时应将酶保持在冰浴中，避免长时间置于冰箱外。限制性内切酶通常含有 50% 甘油，加入反应管后，因密度较大，往往沉淀至溶液的底部，所以要充分混匀。

【问题分析及思考】

1. 为什么 DNA 经酶切后只剩下单一的直线 DNA 条带？
2. 在进行 DNA 酶解时，是否酶的用量越多越好？
3. 在进行 DNA 酶解实验时要注意哪些事项？

实验五　DNA 酶切产物的纯化技术

【实验目的】

学习并掌握酶切产物的纯化方法。了解从琼脂糖凝胶中纯化 DNA 片段的有关技术。

【实验原理】

DNA 纯化的主要目的是回收得到纯的目的 DNA 片段，去除影响 DNA 连接酶活性的物质以及其他的 DNA 片段。纯化 DNA 片段的方法有多种，如电洗脱法、从低熔点或普通琼脂糖凝胶中回收、玻璃珠纯化、柱层析以及硅胶吸附等方法。

【主要仪器、材料和试剂】

1. 实验仪器及耗材

高速冷冻离心机、20μL 微量移液器、200μL 微量移液器、1000μL 微量移液器、电泳仪及电泳槽、恒温水浴锅、台式高速离心机、紫外凝胶自动成像仪。

5mL 塑料离心管 10 个、0.5mL 塑料离心管 10 个、塑料离心管架（30 孔）1 个。

2. 实验材料

质粒和 PCR 酶解产物、目的基因的凝胶片段。

3. 主要试剂

3mol/L 的 NaAc（pH 值为 5.2），无水乙醇及 70%乙醇，TE 缓冲液（pH 值为 8.0），Tris-HCl 饱和酚（pH 值为 7.6），氯仿，DNA 凝胶回收试剂盒。

4. 本次实验学生需配制的试剂

3mol/L NaAc（pH 值为 5.2）：20mL/组；

EP 管灭菌：10 个/组。

【操作步骤】

1. 酶切产物直接回收法

● 将质粒及 PCR 产物的酶切产物补水至 200μL，加 1/10 体积（20μL）3mol/L NaAc 和 2 倍体积（400μL）冰冷的无水乙醇。

● 混匀，置于-20℃冰箱，放置时间 30min 以上。

● 4℃，12000r/min 离心 10min。

● 弃上清液，加 0.5mL 70%乙醇洗 2~3 次。

- 弃上清液，室温干燥，根据沉淀量大小分别溶至 5~10μL TE 缓冲液中。

2. DNA 凝胶回收试剂盒法

从琼脂糖凝胶中回收目的 DNA 酶切产物片段，具体方法如下：

（1）DNA 琼脂糖电泳鉴定

- 配 30mL 进口琼脂糖凝胶，浓度为 1%~2% 备用。

- 将 25~50μL 酶切产物（目的 DNA 片段），加入 1/10 体积的 10×Loading Buffer，混匀后上样加入凝胶孔中。

- 使用 100 V 电压对酶切产物进行电泳分离，电泳结束后观察结果，并且拍照。

（2）切胶回收所需酶切产物片段（以 TIANGEN 回收试剂盒为例）

- 在长波紫外灯下，用干净的刀片将需要的 DNA 条带从凝胶上切下目的片段（EGFP 片段 720bp 左右，切开的 pET-28a 为 5300bp 左右），尽量切除不含 DNA 的凝胶，称取重量。

- 胶块中加入 3 倍体积的溶胶液 PN，以 0.1g 凝胶对应 300μL 的体积加入溶胶液 PN，在 50℃ 水浴中放置 10min，其间不断温和上下翻动离心管至胶完全融解。

- 将上一步得到的溶液加入到吸附柱 CA1 中，吸附柱放入收集管，室温静置 2min，13000r/min 离心 30s，将收集管中废液弃掉（此收集管以下步骤可反复使用）。

- 吸附柱中加入 700μL 漂洗液 PW，13000r/min 离心 60s，将收集管中废液弃掉。

- 吸附柱中加入 500μL 漂洗液 PW，13000r/min 离心 60s，将收集管中废液弃掉。

- 将吸附柱置于收集管中，13000r/min 离心 2min，彻底除去漂洗液 PW（以上步骤均为去掉杂质，所以使用同一收集管）。

- 取出吸附柱，置于室温 10min，彻底晾干，防止残留的漂洗液影响下一步的实验（乙醇尽量挥发干净）。

- 将洗脱缓冲液 EB 先在 65℃ 水浴预热，（体积应大于 30μL）备用，将吸附柱放入一个新的离心管中（提示：更换新管收集 DNA 溶液），在吸附膜的中间位置加入适量洗脱缓冲液 EB，室温放置 2min，13000r/min 离心 2min。

- 然后将离心的溶液重新加回离心吸附柱中，重复上一步骤，不需更换离心管。

- 经纯化回收的 DNA 置于 4℃ 或 -20℃ 保存。

3. 冻融法回收

- 紫外灯下仔细切下含待回收 DNA 的胶条，将切下的胶条（小于 0.6g）捣碎，置于 1.5mL 离心管中；

- 加入等体积的 Tris-HCl 饱和酚（pH 值为 7.6），振荡混匀；
- -20℃ 放置 5~10min；
- 4℃ 离心 10000g，5min，上层液转移置另一离心管中；
- 加入 1/4 体积 ddH$_2$O 于含胶的离心管中，振荡混匀；
- -20℃，放置 5~10min；
- 4℃ 离心 10000g，5min，合并上清液；
- 用等体积氯仿抽提，取上清，至一新的 Eppendorf 管中；
- 加入 1/10 体积 3mol/L NaAc（pH 值为 5.2）、2.5 倍体积预冷的无水乙醇，混匀；
- -20℃ 条件下静置 30min；
- 4℃ 离心 13000g，10min，弃上清液，75%乙醇洗沉淀 1~2 次，晾干；
- 加适量 dH$_2$O 或 TE 溶解沉淀，备用。

【问题分析及思考】

- DNA 纯化的目的是什么？
- 纯化目的基因片段有几种方法？
- 使用这几种方法时要注意哪些注意事项，为什么？

实验六　DNA 重组及重组体鉴定技术

【实验目的】

了解 DNA 重组技术在基因工程研究中的重要意义，掌握 DNA 重组方法和重组体鉴定技术。

【实验原理】

DNA 重组是指把外源目的基因"装进"载体这一过程，即 DNA 的重新组合。这种重新组合的 DNA 是由两种不同来源的 DNA 组合而成，所以称作重组体或嵌合 DNA。目的基因只有与载体片段共价结合形成重组体，进入适合的宿主细胞内才能进行复制。

DNA 重组是在 DNA 连接酶（DNA Ligase）的作用下完成。DNA 连接酶于 1967 年发现，通过形成磷酸二酯键使两条 DNA 链连接起来，而磷酸二酯键的形成需要能量（如 ATP）的存在。具有连接和封闭单链 DNA 的功能。主要有大肠杆菌 DNA Ligase 和 T$_4$ DNA Ligase 两种。两者均可在黏性末端碱基配对后的 3′–OH 和 5′–P 末端之间形成磷酸二酯键，催化双链 DNA 分子之间的连接反应。所不同的是 T4 DNA 连接酶还可催化两个具有平齐末端的双链 DNA 之间的连接反应。因此，在分子克隆中 T$_4$ DNA 连接酶更常用。

DNA 连接方式主要包括以下几种：

（1）黏性末端连接

方式：一是同一限制性内切酶切位点连接；二是不同限制性内切酶切位点连接。

优点：一般情况下，黏性末端连接效率高。

（2）平端连接

适用于限制性内切酶切割产生的平端、黏端补齐或切平形成的平端连接。

（3）同聚物加尾连接

在末端转移酶（terminal transferase）的作用下，在 DNA 片段末端加上同聚物序列，制造出黏性末端，再进行粘端连接。

（4）人工接头（linker）连接

由平端加上新的酶切位点，再用限制性内切酶切除产生黏性末端而进行黏端连接。

DNA 重组中，载体要具备一些基本性质，如能在宿主细胞中独立复制和表达；分子质量不宜过大，便于 DNA 体外操作；具有两个以上的容易检测的遗传标记；具有多个限制性内切酶的单一切点等。

目的基因片段只有与载体片段共价连接形成重组体后，才能进入合适的宿主细胞内进行复制和扩增，重组体根据载体的选择性标记，如抗药性基因、酶基因、营养缺陷型及噬菌斑等特点，区分阳性重组体和阴性重组体，重组质粒从细菌中提取后需进一步进行鉴定。

重组体鉴定一般采取菌落 PCR 方法将外源目的基因扩增出来，在菌落 PCR 鉴定结果基础上，选取 PCR 阳性的菌落，再利用双酶切方法将外源目的基因从重组体上卸载下来，在电泳结果中观察外源目的基因片段大小，以此判断 DNA 是否重组成功。

【主要仪器、材料和试剂】

1. 实验仪器及耗材

恒温水浴锅，生化培养箱，20μL、200μL 微量移液器，PCR 仪，电泳仪及电泳槽，台式高速离心机，紫外凝胶自动成像仪。

5mL 塑料离心管 10 个、PCR 管 10 个、塑料离心管架（30 孔）1 个。

2. 实验材料

目的基因（$BamH$ I/Kpn I）纯化产物；

载体 pUC19（$BamH$ I/Kpn I）纯化产物；

pET-28a-GFP 重组质粒；

pET-28a（$BamH$ I/Not I）纯化产物；

pEGFP-N3（$BamH$ I/Not I）纯化产物；

PCR 基因扩增引物：

正向引物 5'-GGGCATATGGTGAGCAAGGGCGAGG-3'；

反向引物 5'-GGGCTCGAGTTACTTGATCAGCTCG-3'。

3. 主要试剂

T_4 DNA Ligase 及其缓冲液（10× Ligase Buffer）；

$BamH$ I，Not I 酶及其缓冲液（10×Buffer D）；

Taq 酶，10×PCR Buffer 及 dNTPs。

4. 本次实验学生需配制的试剂

EP 管灭菌：10 个/组；

PCR 管灭菌：10 个/组。

【操作步骤】

1. DNA 重组

（1）马铃薯 Y 病毒部分衣壳蛋白基因（PVYCP450）重组体系

- 向无菌的 EP 管中依次加入表 3-9 所示的成分。

表 3-9 DNA（PVYCP450）重组加样表

反 应 物	体积/μL	
10×T₄ DNA Ligase 缓冲液	2	2
目的基因（*Bam*H I/*Kpn* I）	2	—
pUC19（*Bam*H I/*Kpn* I）	2	2
T₄ DNA Ligase	1	1
ddH₂O	13	15
总体积	20	20

- 混匀，16℃连接反应过夜，约 16h。
- 可用于后续的转化实验中，也可保存在 4℃冰箱中。

（2）绿色荧光蛋白基因（EGFP）重组体系

- 向无菌的 EP 管中依次加入表 3-10 所示的成分。

表 3-10 DNA（EGFP）重组加样表

反 应 物	体积/μL	
10× T₄ DNA Ligase 缓冲液	2	2
pET-28a（*Bam*H I/*Not* I）纯化产物	3	3
pEGFP-N3（*Bam*H I/*Not* I）纯化产物	10	—
T₄ DNA Ligase	1	1
ddH₂O	4	14
总体积	20	20

- 混匀，16℃连接反应过夜，约 16h。
- 用于后续的转化实验中，也可保存在 4℃冰箱中。

2. 重组体鉴定技术

（1）菌落 PCR 基因鉴定方法

- 挑取转化后的白色菌落。
- 在无菌 PCR 管中按表 3-11 加入各种成分。

表 3-11 菌落 PCR 扩增的反应体系

反应物	体积/μL	备注
10×PCR Buffer	1	
dNTPs	0.5	混匀
正向引物	0.25	

反应物	体积/μL	备注
反向引物	0.25	
模板 DNA	挑取单菌落	混匀
ddH$_2$O	6.5	
Taq 酶	1	
总体积	10	

- 反应物混合完全后置于 PCR 仪中,设定 PCR 条件。

94℃反应 5min 后开始以下循环:94℃变性反应(30s):55℃退火(30s)→72℃延伸反应(1min),30 次循环;

待反应结束后,于 72℃延伸反应 7min。

- DNA 琼脂糖凝胶检验特异 700bp 的 GFP 片段。

(2)限制性内切酶酶切鉴定方法

- 提取转化质粒 pET-28a-GFP。

- 用 *Xho* I 和 *Bam*H I 将 pET-28a-GFP 质粒进行双酶切,酶切体系见表 3-12。

表 3-12 重组 DNA(pET-28a-GFP)酶切体系

反应物	体积/μL
Buffer K	2
重组 DNA(pET-28a-GFP)	2
*Bam*H I	1
Xho I	1
BSA	2
无菌水	12
总体积	20

- 混匀,37℃水浴酶切反应 3h 后进行 DNA 电泳。

- 正确的重组载体在电泳图谱上应该有 700bp 的 GFP 片段出现。

【结果分析】

1. 菌落 PCR 法鉴定重组质粒

挑取转化后的 9 个白色菌落,以此作为 PCR 反应的模板,PCR 扩增产物电泳所得结果如图 3-15 所示。可以看出,7 个泳道均在 700bp 处产生一条条带,与 EGFP 基因大小相符,初步鉴定这 7 个白色菌落均为阳性克隆,需进一步培养细菌,提取 DNA 后,进行酶切鉴定。

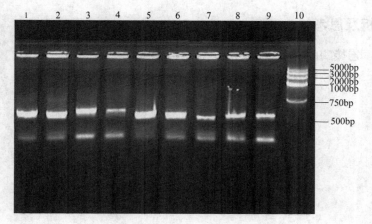

图3-15　菌落PCR法鉴定重组质粒

2. 双酶切鉴定验证阳性克隆

对于菌落PCR法鉴定为阳性的菌落，挑取少量的菌置于LB液体培养基中培养18~24h后，碱裂解法提取质粒DNA，经 *Xho* Ⅰ和 *Bam*H Ⅰ双酶切，分别将提取的质粒DNA和双酶切后的质粒DNA进行电泳，所得结果如图3-16所示。其中泳道1为DL5000 Marker，泳道2、泳道4、泳道6、泳道8、泳道10分别为提取的质粒DNA，在5000bp处有两条条带，分别为超螺旋DNA和开环DNA。泳道3、泳道5、泳道7、泳道9、泳道11分别为酶切后的质粒DNA，产生两条条带，一条带大小在5300bp处，为质粒pET-28a；另一条带大小在700处，为插入的目的基因EGFP，表明泳道3、泳道5、泳道7、泳道9、泳道11对应的菌落为重组子。

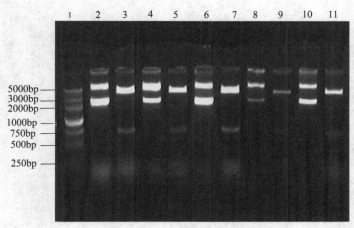

图3-16　双酶切鉴定验证阳性克隆

【问题分析及思考】

1. DNA 连接酶的种类包括哪些，各有何优缺点？
2. 鉴定重组体的方法有哪些？

实验七　大肠杆菌感受态细胞的制备技术及 DNA 重组体的转化技术

【实验目的】

让学生了解细胞转化的概念及其在基因工程研究中的意义。学习 $CaCl_2$ 法制备 *E. coli* DH5α 感受态细胞。学会将外源质粒 DNA 转入受体菌细胞，用含抗菌素的平板培养基筛选转化体的方法。

【实验原理】

转化是将异源 DNA 分子引入另一细胞品系，使受体细胞获得新的遗传性状的一种手段。它是微生物遗传、分子遗传和基因工程等研究领域的基本实验技术。

转化过程所用的受体细胞一般是限制-修饰系统缺陷的变异株，即不含限制性内切酶和甲基化酶的突变株，常用 R^-、M^- 符号表示。受体细胞经过一些特殊方法（如电击法、$CaCl_2$ 法、RuCl 等化学试剂法）的处理后，细胞膜的通透性发生变化，成为能容许带有外源 DNA 的载体分子通过的感受态细胞（competence cells）。在一定条件下，将带有外源 DNA 的载体分子与感受态细胞混合保温，可使载体 DNA 分子进入受体细胞。进入细胞的 DNA 分子通过复制、表达，实现遗传信息的转移，使受体细胞出现新的遗传性状。将经过转化后的细胞在选择性培养基中培养，即可筛选出转化体（transformant），即带有异源 DNA 分子的受体细胞。

本实验以 *E. coli* BL21（DE3）菌株为受体细胞，用 $CaCl_2$ 处理受体菌使其处于感受态，然后与含有 pET-28a-GFP 基因的质粒共保温，实现转化。pET-28a-GFP 质粒载体携带有抗卡那霉素的基因，而 pBR322 质粒和 pUCl9 质粒分别携带有抗氨苄青霉素和抗四环素的基因，因而使接受了该质粒的受体菌具有抗卡那霉素、抗氨苄青霉素和抗四环素的特性，常用 *Kan*^{r}、*Amp*^{r} 和 *Tet*^{r} 表示。将经过转化后的全部受体细胞经过适当稀释，在含卡那霉素、氨苄青霉素和四环素的平板培养基上培养，只有转化体才能存活，而未获得质粒的受体细胞则因无抵抗卡那霉素、氨苄青霉素或四环素的能力而死亡。

克隆载体转化后经过进一步纯化扩增后，可将转入的质粒 DNA 分离提取出来，进行重复转化、电泳、电镜观察，并做限制性内切酶图谱、分子杂交或 DNA 测序等实验鉴定。重组载体转化后经过细菌培养，扩增的细胞经破碎、提取纯化后，可得到表达蛋白，可进行蛋白质分析等实验鉴定。

【主要仪器、材料和试剂】

1. 实验仪器及耗材

恒温摇床、电热恒温培养箱、无菌操作超净台、电热恒温水浴、分光光度计、台式高速离心机、台式高速冷冻离心机、微型瞬间离心机、20μL 和 200μL 微量移液器、经高压灭菌的 Eppendorf 管。

2. 实验材料

E. coli BL21（DE3）宿主菌、pET-GFP 质粒。

3. 主要试剂

- 0.1mol/L CaCl$_2$ 溶液：每 10mL 溶液含 CaCl$_2$（无水、分析纯）0.1g，用双蒸水配制，灭菌处理；

- IPTG：原储存浓度为 1mol/L，最后使用浓度为 1mmol/L（用无菌水配制）；

- 卡那霉素（*Kan*^{r}）：原储存浓度为 10mg/mL，最后使用浓度为 50μg/mL（用无菌水配制）。

4. 培养基

LB 培养基：液体和固体。液体培养基的配制方法见实验一，本实验主要介绍含抗菌素的 LB 平板培养基的配制方法：

- 液体 LB（Luria-Bertni）培养基：每升含有胰蛋白胨（Bacto-tryptone）10g、酵母提取物（Bacto-yeast extract）5g、NaCl 10g，用 NaOH 调 pH 值至 7.5。一般水质情况下 pH 已至 7.5，不需用 NaOH 调 pH，经高压灭菌后用来液体培养大肠杆菌。

- 固体 LB（Luria-Bertni）培养基：每升含有胰蛋白（Bacto-tryptone）10g、酵母提取物（Bacto-yeast extract）5g、NaCl 10g、琼脂粉 15g，用 NaOH 调 pH 值至 7.5。一般水质情况下 pH 值已至 7.5，不需用 NaOH 调 pH 值，经高压灭菌后制备固体培养基，用来固体培养转化菌。

- LB 平板培养基：将配好的 LB 固体培养基高压灭菌后，倒入标记好的玻璃平皿中，当培养基温度降至室温时会形成固体备用。将菌液涂抹在固体 LB 培养基上并倒置平皿，置于相应温度（这里是 37℃）的培养箱中培养过夜。

- 含抗菌素的 LB 平板培养基：如需要加抗生素（*Kan*^{r}、*Amp*^{s} 或 *Tc*^{s}）时，一定在 LB 培养基温度降至 60℃左右，再加抗生素。加入卡那霉素，使培养基终浓度为 50μg/mL；摇匀后立即倒入玻璃平皿备用。将菌液涂抹在固体 LB 培养基上并倒置平皿，置 37℃培养箱中培养过夜。

5. 本次实验学生需要配制试剂及准备的工作

- 固体 LB 培养基 80mL/人；

- 液体 LB 培养基 50mL/大组（6 人）；
- 各种加样器的枪头，1.5mL、0.5mL Eppendorf 塑料管；
- 4 套玻璃培养皿，用报纸包好。

以上试剂和器材标记好，高压灭菌备用。

【操作步骤】（以下操作要求在无菌操作台内操作）

1. 制备大肠杆菌 BL21（DE3）菌株的感受态细胞

- 将 10μL 大肠杆菌 BL21（DE3）接入 3mL LB 液体培养基中，37℃过夜培养。
- 二次活化：按 1∶50 比例接入新的 50mL LB 液体培养基中（三角瓶 1 瓶/6 人）。继续摇菌 2~3h。当培养液开始混浊，或者用分光光度计测 600nm 吸光值为 $A \leqslant 0.7$ 时，停止培养。
- 用灭菌好的镊子取 1.5mL Eppendorf 塑料离心管，取菌液 1.5mL（菌液摇匀再取，每个同学做 2 管）冰上放置 10min。
- 收集细胞：在离心机上离心 2min，选定转速 6000r/min，弃去上清液。
- 加入预冷的 0.1mol/L 的氯化钙溶液 600μL，轻轻悬浮细胞，冰置 10min，转速 4000r/min，离心 2min，弃上清液，将 Eppendorf 管倒扣在灭菌吸水纸上，吸干上清液。
- 每管加入预冷的 0.1mol/L 的氯化钙溶液 300μL，轻轻悬浮细胞，冰上放置 20min，此时细胞即为感受态细胞。

以上制备好的感受态细胞悬液以每 100μL 体积分装到无菌的 Eppendorf 管中，冰上放置备用，24h 内直接用于转化实验，也可以作为制备好的感受态细胞置于 -70℃条件下备用，一般情况下可保存半年至一年。当转化实验使用时，一定首先将处于-70℃感受态细胞置于冰上，逐渐融化后再使用。

2. DNA 转入感受态细胞

- 每位同学在无菌条件下，取 2 个灭菌 1.5mL Eppendorf 管标记好，分别按表 3-13 所示的量加入（注：质粒 DNA 含量不超过 50ng，体积不超过 2μL）。

表 3-13 细胞转化溶液配制表

样品	DNA/μL	感受态细胞/μL	无菌水/μL
对照	—	100	1
样品 pET-28a- GFP	1	100	—

- 分别将 2 管样品轻轻摇匀，冰上放置 30min。
- 在 42℃水浴热激 90s（准确计时），迅速将样品置于冰上冷却 5min。
- 向两管中分别加入 100μL LB 液体培养基，混匀后在 37℃振荡培养

30min，使受体菌恢复正常生长状态（此时管内总体积为200μL，称为转化反应原液）。

3. 平板培养基的制备

● 取出经高压灭菌的LB固体培养基，趁热将15mL LB固体培养基倒入无菌培养皿中，制备1块不含卡那霉素（Kan⁻）的固体培养基平板。

● 剩余培养基待冷却至60℃时加入卡那霉素（Kan⁺），卡那霉素的终浓度为50μg/mL，及时将培养基平均倒入3块无菌培养皿内。

● 其中含卡那霉素（Kan⁺）的1块平板待胶凝固后均匀涂100μL IPTG备用。

此时4块固体培养基平板为3块含卡那霉素（Kan⁺），1块不含卡那霉素（Kan⁻）。

4. 涂板

将上述各管菌液混匀，分别取100μL菌液滴入各对应的含有LB固体培养基的培养皿中（注意样品与所需平皿要对应，不可混淆）。

● 将对照组的感受态细胞取100μL涂布于不含卡那霉素（Kan⁻）的LB固体平板上。

● 将对照组的感受态细胞取100μL涂布于含卡那霉素（Kan⁺）的LB固体平板上。

● 将转入质粒的感受态细胞取100μL涂布于含卡那霉素（Kan⁺）的LB固体平板上。

● 将转入质粒的感受态细胞取100μL涂布于含卡那霉素（Kan⁺）和涂有IPTG的LB固体平板上。

将玻璃刮刀在70%酒精中浸泡片刻，置酒精灯上烧，当玻璃刮刀上酒精烧尽后，放在含有LB固体培养基的培养皿内盖处晾至室温，然后用刮刀轻轻地把样品均匀涂在LB培养基的表面，当样品溶液即将被涂干时即可。

注：在酒精灯上烧玻璃刮刀可起到灭菌作用，否则会有交叉污染。玻璃刮刀如果在玻璃培养皿内盖处没有晾至室温则会烧死菌体，影响实验结果。使用玻璃刮刀轻轻地把样品涂匀，防止破坏固体培养基。

5. 细菌的培养

当菌液完全被培养基吸收后，倒置培养皿，于37℃恒温培养箱内培养24h，待菌落生长良好而又未互相重叠时停止培养。

6. 检出转化体和计算转化率

转化实验组含卡那霉素培养基平皿中长出的菌落即为转化体（图3-17），根据此皿中的菌落数可计算出转化体总数和转化频率，计算公式如下：

$$转化体总数=菌落数×稀释倍数×\frac{转化反应原液总体积}{涂板菌液体积}$$

$$转化频率 = 转化总数 / 加入质粒 DNA 的质量$$

再根据受体菌对照组不含卡那霉素平皿中检出的菌落数，可求出转化反应液内受体菌总数，进一步计算实验条件下由多少受体菌可获得一个转化体。

【实验结果及讨论】

1. 转化实验结果

本实验以 *E. coli* BL21（DE3）菌株为受体细胞，用 $CaCl_2$ 处理受体菌使其处于感受态，然后与含有 pET-28a-GFP 基因的质粒共保温，实现转化。统计每个培养皿中的菌落数，各实验组在培养皿内菌落生长状况见表 3-14 和图 3-17。

表 3-14　各实验组菌落生长状况及结果分析

转化内容	培养基（Kan⁻）	培养基（Kan⁺）	结果分析
受体菌对照组	有大量菌落长出		本实验未产生抗药性突变株
转化实验组（pET-28a-GFP）		有菌落长出有绿色荧光	DNA 进入受体细胞产生 Kan⁺抗药性
转化实验组（pET-28a-GFP）		有菌落长出无绿色荧光	DNA 进入受体细胞产生 Kan⁺抗药性
受体菌对照组		无菌落长出	本实验未产生抗药性突变株

Kan⁻　　　　　　Kan⁺　　　　　　Kan⁺　　　　　　Kan⁺

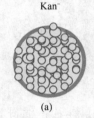  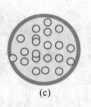 

(a)　　　　　　(b)　　　　　　(c)　　　　　　(d)

图 3-17　转化实验后菌落生长的模式

(a) 受体菌对照组（感受态细胞）（IPTG⁺）；(b) 转化实验组（pET-28a-GFP）（IPTG⁺）；
(c) 转化实验组（pET-28a-GFP）（IPTG⁻）；(d) 受体菌对照组（感受态细胞）（IPTG⁻）

分别将转化实验组产生的菌落放在 400nm 长紫外光、紫外光和白光下观察，结果如图 3-18 所示。从图中可以看出，图 3-18（a）所示为重组转化菌在 400nm 长紫外光下观察到的结果，可看到较多的菌落发出绿色荧光，表明感觉态的感受性很好，由于有 IPTG 诱导，故培养的菌落有荧光产生；图 3-18（b）所示为重组转化菌在紫外光下成像仪观察的结果，可看到明亮的白色菌落，由于有 IPTG 诱导，故培养的菌落有荧光产生；图 3-18（c）所示为重组转化菌在白光下成像仪观察的结果，可看到灰暗的白色菌落，由于无 IPTG 诱导，故培养的菌落无荧光产生；图 3-18（d）所示为受体菌对照组在无 Kan⁻ 的 LB 固体平板上产生菌苔，表明感受态细胞状态好；图 3-18（e）所示为受体菌对照组在有 Kan⁺ 的 LB 固体平板上无任何菌落产生，表明实验过程中无污染现象产生，卡那霉素抗生素有效。

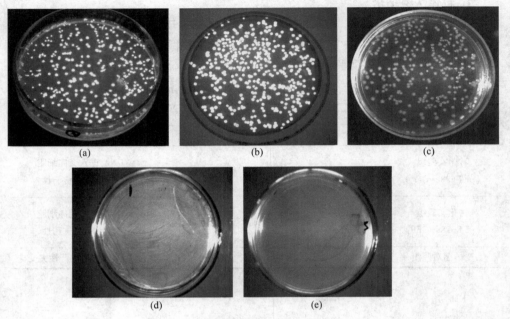

图 3-18　转化后的菌落生长状况

2. 为提高转化率，实验中要注意的重要因素

（1）细胞生长状态和密度

细胞生长密度以每毫升培养液中的细胞数量在 5×10^7 个左右为最佳（可通过测定培养液的 A_{600nm} 控制）。密度不足或过高均会使转化率下降。不要使用已经转接多次及储存在 4℃ 的培养菌液，因为效果欠佳。

（2）转化的质粒 DNA 的质量和浓度

用于转化的质粒 DNA 应主要是共价闭环 DNA，即 cccDNA，又称超螺旋 DNA；转化率与外源 DNA 的浓度在一定范围内成正比，但当加入的外源 DNA 的量过多或体积过大时，会使转化率下降。

（3）试剂的质量十分重要

所用的试剂，如 $CaCl_2$ 等，应是高质量的，以进口试剂为最佳，且最好保存于干燥的暗处。

（4）防止杂菌和其他外源 DNA 的污染

所用器皿，如离心管、分装用的 Eppendorf 管等，一定要洗干净，最好是新的。整个实验过程中要注意无菌操作。少量其他试剂在器皿中残留或 DNA 的污染，会影响转化率。

（5）无菌操作

整个实验中凡涉及溶液的移取、分装等需敞开实验器皿的操作，均应在无菌超净台中进行，防止污染。

（6）不同菌株选择适宜的 A_{600nm} 值

衡量受体菌生长情况的 A_{600nm} 值和细胞数之间的关系随菌株的不同而不同，因此不同菌株的合适 A_{600nm} 值是不同的。

（7）本实验方法的适用性

本实验方法也适用于其他 *E. coli* 受体菌株和不同质粒 DNA 的转化，但它们的转化效率是不一样的，一般重组质粒转化率很低。在进行重组质粒转化时，为了便于筛选和准确计算转化率，往往在 42℃ 保温，并加入液体培养基恢复其正常生长状态后，将加入的液体培养基的体积通过离心减小，以增加转化体浓度，再涂平板。

转化率＝含抗菌素平皿中的菌落数/不含抗菌素平皿中的菌落数

（8）对照组在培养基（Kan⁺）上产生菌落的情况

如果在对照组不该长出菌落的平皿（培养基（Kan⁺））中长出了一些菌落，首先确定是否抗生素已失效，若排除了这一因素，则说明实验有污染。如果长出的菌落相对于转化实验组的平皿中长出的菌落数量极少（一般在 5 个以下），则此次转化还算成功，可继续以后的实验；如果长出的菌落很多，则需设计对照实验，找出原因后，再重新进行转化。

（9）选择合适的培养基进行筛选

根据所需质粒 DNA 的特性，选择相应的选择性培养基进行筛选，有的可能还需进行多步筛选。

（10）受体菌的保存

过夜培养的 *E. coli* 受体菌液可以加入占总体积约15%且经高压灭菌的甘油，混匀后分装于 Eppendorf 管中作为保存菌株，置于-70℃ 条件下，可保存半年至一年。

3. 稀释细胞转化溶液及平板培养

在转化实验中，涂板所用的菌液体积视菌的浓度而定，也可以将转化反应原液摇匀后进行梯度稀释，具体操作见表 3-15，以保证培养基上长出数量适当的单菌落。

表3-15　细胞转化后菌液梯度稀释表

试管号	1	2	3	4	5	6	7	8	9	10
样品培养液/mL	原液 0.1	稀释液1 0.1	稀释液2 0.1	稀释液3 0.1	稀释液4 0.1	稀释液5 0.1	稀释液6 0.1	稀释液7 0.1	稀释液8 0.1	稀释液9 0.1
稀释液/mL	0.9	0.9	0.9	0.9	0.9	0.9	0.9	0.9	0.9	0.9
稀释度	10^{-1}	10^{-2}	10^{-3}	10^{-4}	10^{-5}	10^{-6}	10^{-7}	10^{-8}	10^{-9}	10^{-10}
稀释倍数	10^{1}	10^{2}	10^{3}	10^{4}	10^{5}	10^{6}	10^{7}	10^{8}	10^{9}	10^{10}

【分析思考】

- 此细胞转化实验的筛选标记是什么？为什么细菌在抗生素中能够生长？
- 据你所知细胞转化实验的筛选标记还有哪些？
- 细胞转化实验中有哪些注意事项？
- 为提高转化率，实验中要注意哪几个重要因素？
- 转化成功的细菌为什么会发出绿色荧光？

【时间安排】

第一天：下午17:00接菌，置37℃摇床上培养过夜。

第二天：上午8:00前活化过夜菌（2h），教师讲解实验，学生配试剂及准备灭菌实验用品。制备感受态细胞。

下午13:30准备培养平板，细胞转化，涂培养平板，置37℃温箱过夜培养。

第三天：上午观察结果，计算细胞转化率。

综 合 篇

实验八　马铃薯 Y 病毒部分衣壳蛋白基因(PVYCP450)的克隆

　　在植物抗病毒基因工程中，由于自然界中抗原缺乏，因此绝大多数都是转化植物病毒本身编码的基因，从而获得具有抗相应病毒的植株。目前人们已将病毒的衣壳蛋白基因（coat protein，CP）等基因序列转化并获得了抗性植株。克隆马铃薯 Y 病毒部分衣壳蛋白基因，可对今后寻找抗 PVY 转基因植株所需 CP 基因最短有效长度奠定工作基础。我们通过碱变性法提取大肠杆菌 DH5α 菌株中的 pUC19 质粒，与目的基因 PVYCP450 经 *Bam*H Ⅰ 和 *Kpn* Ⅰ 限制性内切酶酶切、T$_4$ DNA 连接酶连接后，转入大肠杆菌 JM109 菌株的感受态细胞内，再经蓝白斑筛选、菌落 PCR 鉴定和酶切鉴定后，证实成功地获得了 PCYCP450 基因的克隆子（见图 3-19）。

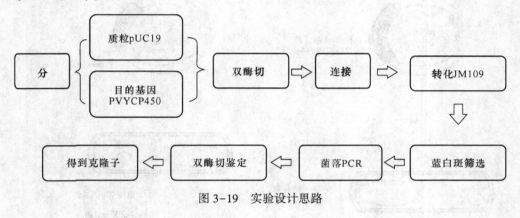

图 3-19　实验设计思路

【实验目的】

　　通过本实验使学生了解基因克隆的方法，理解蓝白斑筛选的原理及方法，掌握转化子的鉴定方法，为学生今后的实习及科研工作打下良好的基础。

【实验原理】

　　鉴定带有重组质粒克隆的方法常用的有 α-互补、小规模制备质粒 DNA 进行酶切分析、插入失活、PCR 鉴定以及杂交筛选的方法。带有 *lacZ* 基因的载体还可以结合 α-互补现象来筛选。

　　蓝白斑筛选的原理：是根据载体的遗传特征筛选重组子，如 α-互补（见图

3-20)、抗生素基因等。现在使用的许多载体都带有一个大肠杆菌的 DNA 的短区段，其中有 β-半乳糖苷酶基因（*lacZ*）的调控序列和前 146 个氨基酸的编码信息。在这个编码区中插入了一个多克隆位点（multi-clonig site，MCS），它并不破坏读码框，但可使少数几个氨基酸插入到 β-半乳糖苷酶的氨基端而不影响功能，这种载体适用于可编码 β-半乳糖苷酶 C 端部分序列的宿主细胞。因此，宿主和质粒编码的片段虽都没有酶活性，但它们同时存在时，可形成具有酶学活性的蛋白质。这样，*lacZ* 基因就在缺少近操纵基因区段的宿主细胞与带有完整近操纵基因区段的质粒之间实现了互补，称为 α-互补。由 α-互补产生的 LacZ⁺ 细菌在诱导剂 IPTG 的作用下，在生色底物 X-gal 存在时产生蓝色菌落，因而易于识别。然而，当外源 DNA 插入到质粒的多克隆位点后，几乎不可避免地导致无 α-互补能力的氨基端片段，使得带有重组质粒的细菌形成白色菌落。这种重组子的筛选，又称为蓝白斑筛选。如用蓝白斑筛选则经连接产物转化的转化菌平板在 37℃温箱倒置培养 12~16h 后，有重组质粒的细菌可形成白色菌落。

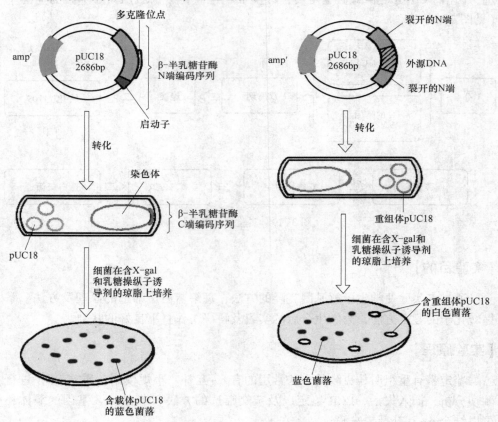

图 3-20　α-互补的检测

【主要仪器、试剂及材料】

1. 实验仪器及耗材

微量移液器（0.5～10μL、20～200μL、200～1000μL 各一支），台式高速离心机，台式高速冷冻离心机，制冰机，紫外分光光度计，夹心式垂直板电泳槽，电泳仪，紫外凝胶成像系统，恒温摇床，无菌操作台，振荡培养箱，电热恒温水浴锅，冰箱（-20℃，4℃）以及 PCR 仪等。

2. 实验材料

大肠杆菌 DH5α（含 pUC19）菌株、大肠杆菌 JM109 菌株。

3. 主要试剂

（1）常用试剂

- 溶液 I（pH 值为 8.0 GET 缓冲液）：50mmol/L 葡萄糖，10mmol/L EDTA-Na$_2$，25mmol/L Tris-HCl；

- 溶液 II：0.2mol/L NaOH，1% SDS；

- 溶液 III（pH 值为 4.8 乙酸钾溶液）：60mL 5mol/L KAc，11.5mL 冰醋酸，28.5mL ddH$_2$O；

- 缓冲液：TE、0.5×TBE 缓冲液；pH 值为 7.5～8.0 醋酸铵（NH$_4$Ac）7.5mol/L；3mol/L 的 NaAc（pH 值为 5.2）；异丙醇，70%乙醇，无水乙醇。

（2）PCR 相关的试剂

- DNA 模板；

- pBSKPVYCP450（马铃薯 Y 病毒衣壳蛋白基因的片段）；

- 引物：

上游引物：（带下划线部分为 *Bam*H I 酶切位点）

　　　GCGC<u>GGATCC</u>GGAGTTTGGGTTATGATGGATG；

下游引物：（带下划线部分为 *Kpn* I 酶切位点）

　　　GCGC<u>GGTACC</u>TCACATGTTCTTGACTCCAAGTAC；

- *Taq* 酶（TaKaRa，5 U/μL）；dNTPs；10×PCR 缓冲液；无菌水。

（3）酶切试剂

- *Bam*H I 核酸内切酶（*TaKaRa*）；*Kpn* I 核酸内切酶（*TaKaRa*）；酶解缓冲液（0.5×K Buffer）；Marker：λDNA-*Hind*III，DL2000。

（4）DNA 重组及转化试剂

- T$_4$ DNA Ligase；0.1mol/L CaCl$_2$ 溶液；氨苄青霉素储存液 50mg/mL；X-gal 20mg/mL；PTG 200mg/mL。

4. 培养基

（1）LB 液体培养基（Luria-Bertani）

称取蛋白胨（Tryptone）10g、酵母提取物 5g、NaCl 10g，溶于 800mL 去离子

水中，用 NaOH 调 pH 至 7.5，加去离子水至总体积 1L，高压下蒸气灭菌。

（2）LB 固体培养基

液体培养基中每升加 12g 琼脂粉，高压灭菌（倒板前加入 Kan 抗生素即可制成具 Kan 抗性的平板）。

【实验步骤】

1. 质粒 DNA 的提取及其定性定量分析

- 取 3mL 大肠杆菌 DH5α（含有 pBSKPVYCP450 质粒）培养菌液于 2 个 1.5mL EP 管中，室温 10000r/min 离心 1min，弃上清液；
- 沉淀加入 300μL GET 缓冲液，充分混匀后室温放置 10min；
- 加 400μL 0.2mol/L NaOH（含 1%SDS），轻柔混匀充分后冰浴 5min；
- 加 300μL KAc（pH 值为 4.8）充分混匀后冰浴 5min；
- 室温 10000r/min 离心 5min 后，使用微量移液器吸取 900μL 上清液至新 Eppendorf 管中，加入 500μL 异丙醇，颠倒混匀，室温放置 5min；
- 室温 10000r/min 离心 5min，弃上清液，沉淀加入 300μL 无菌水溶解后，加 150μL 7.5mol/L NH_4Ac 混匀，冰浴 5min；
- 室温 12000r/min 离心 5min 后将，上清液吸取 500μL 移入新 Eppendorf 管，加入 1000μL 无水乙醇，4℃冰箱放置 1h；
- 4℃下 12000r/min 离心 10min，弃上清液，沉淀加 300μL 70%乙醇洗涤，1000r/min 离心 2min，倒去乙醇，自然晾干；
- 将沉淀以 15~20μL TE 缓冲液回溶，并将溶解后的两管合并成一管，标明产物为"自提质粒 pUC19"；
- 取自提质粒 2μL 加 TE 稀释至 400μL，以 TE 为空白对照，测其在 OD_{260}、OD_{280} 及 OD_{310} 处的紫外光吸收值进行定性定量分析。

2. PCR 扩增目的基因及电泳检测

（1）反应液

- 取一个 PCR 专用管，添加各种成分反应液（见表 3-16）。

表 3-16　PCR 扩增目的基因反应体系

反 应 物	体积/μL
ddH_2O	78.7
模板 DNA（自提 pBSKPVYCP450）	1（20ng）
上游引物（10μmol/L）	1
下游引物（10μmol/L）	1
dNTP mixture（10 mmol/L）	8（各 2.5mmol/L）

续表 3-16

反 应 物	体积/μL
10×缓冲液+ MgCl$_2$	10
Taq 酶	0.3（1.25 U）
总体积	100

将以上各成分混匀，稍作离心，将反应管放入 PCR 仪中。

（2）设定反应程序

- 94℃条件下使模板 DNA 预变性 2min；
- 变性 94℃ 0.5min；
- 退火 60℃ 0.5min；
- 延伸 72℃ 0.5min（30 次循环）；
- 最后在 72℃条件进行延伸 2min；
- 反应结束后，直接进行电泳，也可置于-20℃冰箱保存。

（3）琼脂糖凝胶电泳

- 1%琼脂糖凝胶板的制备：称取 0.3g 琼脂糖，置于三角瓶中，加入 30mL 0.5×TBE 缓冲液，将该三角瓶置于微波炉加热至琼脂糖完全溶解，待温度降至 65℃时加入 3μL 荧光染料至胶中，混匀后将胶倒入有机玻璃内槽中，待胶变乳白色后即制成 1%琼脂糖凝胶板；
- 将胶板放入电泳槽中，在电泳槽内倒入 0.5×TBE 缓冲液使其没过胶板；
- 取 3μL 的 PCR 产物加入到 6μL dH$_2$O 及 1μL 10×Loading Buffer 混匀，上样，100V 电压进行电泳；
- 电泳至胶板底部 1~2cm 处或 2/3 处，停止电泳；
- 电泳结束后，取出胶板进行紫外凝胶成像系统成像分析，鉴定 PCR 扩增产物是否存在以及大小。

3. 载体 DNA 和目的基因的酶切及电泳检测

- 在 0.5mL Eppendorf 管中加入表 3-17 所示的成分。

表 3-17　DNA 酶解加样

反 应 物		体积/μL		
		1	2	3
样品内切酶	PCR 扩增产物	20	—	—
	自提的 pUC19	—	5	5
	*Bam*H I	1	1	1
	Kpn I	1	1	—

反 应 物	体积/μL		
	1	2	3
缓冲液（0.5×K）	5	5	5
水（μL）	23	38	40
总体积	50	50	50

- 混匀少许离心一下，37℃水浴条件下反应 1~2h，反应产物标明 1 号管 "目的基因酶切产物"、2 号管 "载体质粒酶切产物"、3 号管 "载体质粒未酶切产物"；
- 酶切反应结束后，将各个酶切产物进行琼脂糖凝胶电泳鉴定，凝胶制备及电泳方法与目的基因的电泳方法相同；
- 将目的基因酶切产物与载体质粒酶切产物分别加入 20μL 3mol/L NaAc（pH 值为 5.2）以及 400μL 冰冷异丙醇，混匀，置于-20℃冰箱内保存 30min；
- 4℃ 12000r/min 离心 10min 后，弃上清液，沉淀经 70%乙醇洗涤 2~3 次，室温晾干；
- 目的基因酶切产物用 3μL 无菌水回溶，载体质粒酶切产物用 5μL 无菌水回溶，进行后续的 DNA 重组实验或置于-20℃冰箱保存。

4. DNA 重组

- 按表 3-18 依次加样至无菌的 EP 管中，混匀，16℃水浴条件下进行连接反应过夜，约 16h。

表 3-18　DNA 重组加样

反 应 物	体积/μL	
	连 1	连 2
目的基因（*Bam*H I/*Kpn* I）	2	—
pUC19（*Bam*H I/*Kpn* I）	2	2
T₄ DNA Ligase	1	1
dH₂O	13	15
总体积	20	20

- 连接反应结束后，将标明 "连 1" 和 "连 2" 管的连接产物进行 1%琼脂糖凝胶电泳检测连接反应产物，凝胶制备及电泳方法与目的基因的电泳方法相同。

5. 大肠杆菌感受态细胞制备及细胞转化（所有操作在无菌工作台中进行）

- 取 20mL LB 液体培养基，加入 200μL 大肠杆菌 JM109 菌液，37℃摇床振荡培养 3h；

● 在超净工作台中，取 2 只灭菌后的 EP 管，各加入 1.5mL 上述菌液，6000r/min 离心 2min 后弃上清液；

● 沉淀中各加 600μL 冰冷 0.1mol/L CaCl$_2$，悬浮菌液，冰浴 5min 后 4000r/min 离心 10min；

● 弃上清液，沉淀中各加 300μL 冰冷 0.1mol/L CaCl$_2$，悬浮菌液，冰浴 10min；

● 在超净工作台中取 4 只灭菌后的 Eppendorf 管，按表 3-19 加入反应材料；

表 3-19　DNA 重组体转化加样

反应物	DNA/μL	感受态细胞/μL	无菌水/μL
1 号管：pUC19（阳性对照）	2	100	—
2 号管：连 1	5	100	—
3 号管：连 2	5	100	—
4 号管：水（阴性对照）	—	100	3

将以上 4 管反应物混匀，冰浴 30min，在 42℃ 水浴中热激 90s（严格控制时间），然后迅速放置于冰上冷却 5min；

● 将上述 4 管各加 100μL LB 液体培养基混匀后 37℃ 振荡培养 30min；

● 取 4 个含有 Amp（终浓度 100μg/mL）的 LB 固体平板和 1 个不含 Amp 的 LB 固体平板，均涂匀 4μL IPTG 和 20μL X-gal；

● 从 1 号管、2 号管、3 号管中各取 100μL 菌液，无菌操作下涂板于含有 Amp 的 LB 固体平板上（标明 1 号皿、2 号皿、3 号皿）；从 4 号管中分别取 100μL 菌液，各涂板于含 Amp 和不含 Amp 的 LB 固体平板上（标明 4 号皿、5 号皿），待菌液完全被培养基吸收后，倒置培养皿，于 37℃ 恒温培养箱中培养 24h，待产生蓝白斑时可进行转化子的筛选与鉴定实验。

6. 重组质粒 DNA 分子的筛选与鉴定

（1）重组质粒 DNA 分子蓝白斑筛选

次日观察 DNA 重组体转化的实验结果，挑选 2 号皿中的白斑进行菌落 PCR 鉴定。

（2）菌落 PCR 鉴定

● 配制 PCR 混合母液 200μL：10×*Taq* DNA 聚合酶缓冲液（20μL）；4dNTPs 混合溶液（16μL），上游引物（2μL）；下游引物（2μL）；*Taq* DNA 聚合酶（0.6μL）；无菌水（159.4μL），混匀。

● 取 6 只 PCR 管，分别加入 20μL PCR 混合母液后，1 号管加入 0.5μL 模板 pBSKPVYCP450（设为正对照）；2 号管不加任何试剂（设为负对照）；3 号管、4 号管、5 号管、6 号管各挑入 2 号皿中白斑菌落，菌落挑取过程在超净工作台中使用灭菌过的牙签挑取完成。

- 将 PCR 管点离后，放入 PCR 仪，设定反应程序：①94℃条件下使模版 DNA 预变性 2min；②变性 94℃ 30s→退火 60℃ 30s → 延伸 72℃ 30s（循环 30 次）；③最后 72℃条件下再延伸 2min，启动 PCR 反应。

- 制备 1%琼脂糖凝胶，待 PCR 反应结束后将各管产物进行上样电泳、染色、成像、分析。

- 根据电泳结果，将产生目的条带相应的白斑菌落的剩余部分挑入含有 Amp（终浓度 100μg/mL）的 10mL LB 液体培养基，37℃摇床过夜培养。

（3）酶切鉴定

- 取 3mL 白斑培养菌液于 2 个 Eppendorf 管中，室温 10000r/min 离心 1min，弃上清液；

- 沉淀加入 300μL GET 缓冲液，充分混匀后室温放置 10min；

- 加 400μL 0.2mol/L NaOH（含 1%SDS）轻柔混匀充分后冰浴 5min；

- 加 300μL KAc（pH 值为 4.8）充分混匀后冰浴 5min；

- 室温 10000r/min 离心 5min 后使用微量移液器吸取 900μL 上清液至新 Eppendorf 管中，加入 500μL 异丙醇，颠倒混匀，室温放置 5min；

- 室温 10000r/min 离心 5min，弃上清液，沉淀加入 300μL 无菌水溶解后，加 150μL 7.5mol/L NH_4Ac 混匀，冰浴 5min；

- 室温 12000r/min 离心 5min 后将上清液吸取 400μL 移入新 Eppendorf 管，加入 900μL 无水乙醇，–20℃冰箱放置 30min；

- 4℃下 12000r/min 离心 10min，弃上清液，沉淀加 70%乙醇洗涤，倒去乙醇，自然晾干，将沉淀以 10μL TE 缓冲液回溶；

- 配制酶切反应混合母液 30μL：无菌水（23.6μL）、*Bam*H Ⅰ 酶（1.2μL）、*Kpn* Ⅰ 酶（1.2μL）、0.5×K 酶解缓冲液（4μL）；

- 取 2 只 Eppendorf 管各加入 15μL 酶切反应混合母液，每管再各加入经菌落 PCR 鉴定为阳性克隆的自提白斑菌落质粒 5μL，将管置于 37℃恒温水浴锅中酶切 2~3h；

- 制备 1%琼脂糖凝胶，待酶切反应结束后将各管酶切产物上样进行电泳、染色、成像、分析。

7. 含有重组质粒的菌株保存

将上述鉴定后的阳性克隆，即含有重组质粒的菌株按等体积保存于 50%无菌甘油中，做好标记后，–80℃超低温冰箱中保存。

【实验结果】

1. PCR扩增目的基因的结果

本实验以pBSKPVYCP450为模板，PCR扩增产物经1%琼脂糖凝胶电泳所得的实验结果如图3-21所示。泳道4为Marker，由上到下条带分别是2000bp、1000bp、750bp、500bp、250bp、100bp。泳道1是阴性对照，无任何产物，表明实验没有污染；泳道2是同学1的PCR扩增产物，可见该特异性的目标带为500~250bp，大小约为450bp，得到了预期的结果。

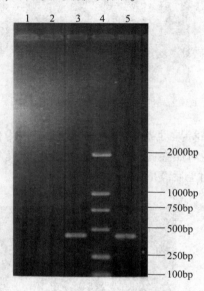

图3-21　PCR扩增产物鉴定电泳

2. 载体DNA和目的基因的酶切及电泳检测结果

质粒载体与目的基因酶切产物进行1%琼脂糖凝胶电泳的结果如图3-22所示。泳道1和泳道2为未加内切酶的质粒pUC19，产生至少三条带；泳道3为Marker λDNA-*Hind*Ⅲ；泳道4和泳道5为内切酶酶切的pUC19，分别在大约2.69kb附近产生一条带，表明酶切反应彻底，可用于后续实验中；泳道6为Marker DL2000；泳道7和泳道8为目的基因酶切产物，在450bp处产生单一条带，可用于后续实验中。

3. 菌落PCR鉴定结果

将质粒和目的基因的酶切产物在DNA连接酶作用下进行连接反应，形成重组体，用热激法转化大肠杆菌细胞内，经蓝白斑筛选后，进行菌落PCR鉴定，所得的实验结果如图3-23所示。图中泳道1为Marker DL2000；泳道5为阳性对

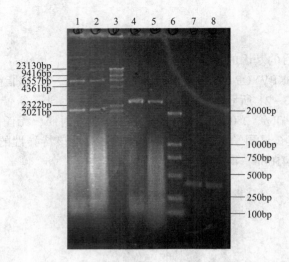

图 3-22　质粒及目的基因酶切电泳图

照，在 450bp 处产生一条特异性条带；泳道 2 ~ 泳道 4 为白色菌落，其中泳道 2 在大约 450bp 处即与阳性对照在同一个位置上产生一条臭氧层性条带，表明该白色菌落为阳性克隆，可用于后续的双酶切鉴定。

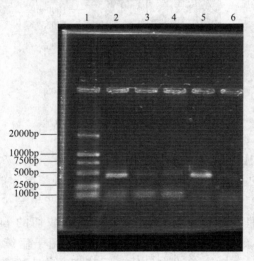

图 3-23　菌落 PCR 鉴定电泳结果

4. 双酶切鉴定结果

经菌落 PCR 鉴定为阳性克隆的白色菌落，用 LB 液体培养基（含 Amp）培养 24h 后，用碱裂解法提取质粒 DNA，经 1% 琼脂糖凝胶电泳检测所得结果如图 3-24 所示。图中泳道 4、泳道 5 分别为 Marker λDNA-*Hind*Ⅲ 和 DL2000；泳道 1、泳道 2、泳道 3、泳道 6、泳道 7、泳道 8、泳道 9 均为菌落 PCR 初步鉴定为阳性克隆的白色菌落。用碱裂解法提取质粒后进行双酶切，结果只有泳道 3 对应的菌落在 2.69kb 和 450bp 处产生两条带，分别为质粒 pUC19 和 PVYCP450，表明该菌落为阳性克隆。

该菌落可作为克隆子长期留存。

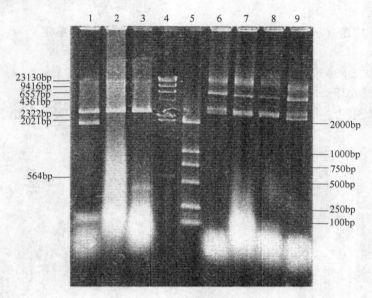

图 3-24　双酶切鉴定电泳结果

【分析思考】

- 克隆 PVYCP450 基因的目的是什么？
- 本实验如何正确选择限制性内切酶？
- 重组体和非重组体如何鉴定？

【时间安排】

第一天：

- 开题报告，讲述资料查询情况、设计思路及其实验方法和时间安排；
- 清点仪器及试剂，准备 LB 培养基，配制各种溶液和缓冲液，灭菌吸头，灭菌 EP 管及 PCR 管等；
- 活化含质粒 pUC19 和 pBSKPVYCP450 的菌株（5mL），用于质粒提取；
- 活化大肠杆菌 DH5α 和大肠杆菌 JM109（用于感受态制备）。

第二天：

- 提取质粒 pUC19 和质粒 pBSKPVYCP450、酶切、纯化、连接；
- 制作感受态，转化 JM109。

第三天：

挑取转化子，培养，保存菌种。

第四天：

转化子鉴定（提取大肠杆菌 JM109 菌株中的质粒，PCR 鉴定）。

第五天：

- 转化子的酶切鉴定；
- 数据处理；
- 总结报告，展示实验结果，分析实验过程中问题及其实验改进意见。

实验九 PCR 体外扩增绿色荧光蛋白基因及其克隆与表达

增强型绿色荧光蛋白基因（enhancer green fluorescent protein, EGFP）作为一种细胞生物学常用的亚细胞定位用的报告基因，实验中采取 PCR 和双酶切从 pEGFP-N3 质粒中获得 EGFP 基因的方法均获得了成功，通过与载体 pET-28a 构建重组体并转化进入 *E. coli* BL21（DE3）菌株，在 IPTG 的诱导下发出明亮的绿色荧光，证实成功地完成了 GFP 的克隆和表达（见图 3-25）。

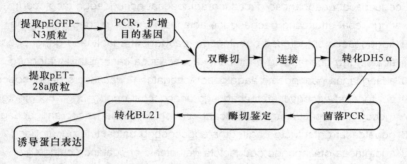

图 3-25 实验设计思路

【实验目的】

通过本实验，学生可以了解 PCR 基因扩增的原理、影响 PCR 基因扩增的因素及注意事项，为学生在今后的科研中运用 PCR 方法扩增目的基因打下良好基础。学习基因工程模块的目的在于，掌握基因工程实验设计的思路及基本方法，掌握查找相关信息并利用其进行试验设计的能力；在实践中学习基因工程试验的基本操作和方法，培养试验动手能力以及独立提出、分析、解决问题的能力。

【实验原理】

1. PCR 的基本工作原理

以拟扩增的 DNA 分子为模板，以一对分别与模板 5′末端和 3′末端相互补的寡核苷酸片段为引物，在 DNA 聚合酶的作用下，按照半保留复制的机制沿着模板链延伸直至完成新的 DNA 合成，重复这一过程，即可使目的 DNA 片段得到扩增。组成 PCR 反应体系的基本成分包括模板 DNA、特异性引物、DNA 聚合酶（具耐热性）、dNTP 以及含有 Mg^{2+} 的缓冲液。

本实验中利用 PCR 方法可以快速筛选出目的基因 DNA。

2. PCR 引物设计

（1）EGFP 序列

键入网址 http：//www. ncbi. nlm. nih. gov/查询 nucleotide 关键词 pEGFP-N3，标出起始密码子和终止密码子：

   661 gatccatcgc cacc**atg**gtg agcaagggcg aggagctgtt caccggggtg gtgcccatcc

   721 tggtcgagct ggacggcgac gtaaacggcc acaagttcag cgtgtccggc gagggcgagg

   781 gcgatgccac ctacggcaag ctgaccctga agttcatctg caccaccggc aagctgcccg

   841 tgccctggcc caccctcgtg accaccctga cctacggcgt gcagtgcttc agccgctacc

   901 ccgaccacat gaagcagcac gacttcttca agtccgccat gcccgaaggc tacgtccagg

   961 agcgcaccat cttcttcaag gacgacggca actacaagac ccgcgccgag gtgaagttcg

  1021 agggcgacac cctggtgaac cgcatcgagc tgaagggcat cgacttcaag gaggacggca

  1081 acatcctggg gcacaagctg gagtacaact acaacagcca caacgtctat atcatggccg

  1141 acaagcagaa gaacggcatc aaggtgaact tcaagatccg ccacaacatc gaggacggca

  1201 gcgtgcagct cgccgaccac taccagcaga acacccccat cggcgacggc cccgtgctgc

  1261 tgcccgacaa ccactacctg agcacccagt ccgccctgag caaagacccc aacgagaagc

  1321 gcgatcacat ggtcctgctg gagttcgtga ccgccgccgg gatcactctc ggcatggacg

  1381 agctgtacaa g**taa**agcggc cgcgactcta gatcataatc agccatacca catttgtaga

（2）引物设计思路

利用 pEGFP-N3 质粒为模板扩增 EGFP 基因，并在扩增产物两端添加 *Nde*I 和 *Xho*I 酶切位点接头以及保护性碱基。

引物为：

P1：5′-　GGGCAT**ATG**　GTGAGCAAGGGCGAGGAG-3′

P2：5′-　GGGCTCGAG**TTA**　CTTGTACAGCTCGTCCATG-3′

辅助软件：Primer Premier。

（3）PCR 引物设计的原则

PCR 引物设计的目的是为了找到一对合适的核苷酸片段，使其能有效地扩增模板 DNA 序列。因此，引物的优劣直接关系到 PCR 的特异性和成功与否。

要设计引物首先要找到 DNA 序列的保守区，同时应预测将要扩增的片段单链是否形成二级结构。如果这个区域单链能形成二级结构，就要避开它；如果这一段不能形成二级结构，那就可以在这一区域设计引物。

• 引物长度为 16~30bp，扩增片段长度为 100~600bp。太短会降低退火温度，影响引物与模板配对，从而使非特异性增高；太长则比较浪费，且难以合成。

• P1 引物。一般引物序列中 G+C 含量为 40%~60%。而且 4 种碱基的分布最好随机。不要有聚嘌呤或聚嘧啶存在。否则 P1 引物设计的就不合理。应重新寻找区域设计引物。引物中 G+C 含量通常为 40%~60%，可按下式粗略估计引物的解链温度，$T_m = 4w_{G+C} + 2w_{A+T}$。

- 四种碱基应随机分布，3′端不存在连续 3 个 G 或 C，因这样易导致错误引发。

- 引物 3′端最好与目的序列阅读框架中密码子第一或第二位核苷酸对应，以减少由于密码子摆动产生的不配对。

- 在引物内，尤其在 3′端应不存在二级结构。两引物之间尤其在 3′端不能互补，以防出现引物二聚体，减少产量。两引物间最好不存在 4 个连续碱基的同源性或互补性。

- 引物 5′端对扩增特异性影响不大，可在引物设计时加上限制性内切酶位点、核糖体结合位点、起始密码子、缺失或插入突变位点以及标记生物素、荧光素、地高辛等。通常应在 5′端限制性内切酶位点外再加 3 个保护碱基。

- 引物不与模板结合位点以外的序列互补。所扩增产物本身无稳定的二级结构，以免产生非特异性扩增，影响产量。一般 PCR 反应中的引物终浓度为 0.2～1.0μmol/L。引物过多会产生错误引导或产生引物二聚体，过低则降低产量。

- 引物确定以后，可以对引物进行必要的修饰，例如可以在引物的 5′端加酶切位点序列；标记生物素、荧光素、地高辛等，这对扩增的特异性影响不大。但 3′端绝对不能进行任何修饰，因为引物的延伸是从 3′端开始的。这里还需提醒的是 3′端不要终止于密码子的第 3 位，因为密码子第 3 位易发生简并，会影响扩增的特异性与效率。

（4）得到引物的处理和浓度问题

- OligoDNA 是以 $1OD_{260}$ 单位来计算的，这是指在 1mL 体积 1cm 光程标准比色杯中，260nm 波长下吸光度为 $1A_{260}$ 的 Oligo 溶液定义为 $1OD_{260}$ 单位。据此定义，$1OD_{260}$ 单位相当于 33μg 的 Oligo DNA，可据此和 Oligo DNA 的分子质量计算得到摩尔数以计算不同摩尔浓度的溶液。

- 若以美国 PE 公司 PerkinElmer 391 型 DNA 合成仪合成，分子质量计算公式为：

$MW =$ A 碱基数×312+C 碱基数×288+G 碱基数×328+T 碱基数×303−61

【主要仪器、试剂及材料】

1. 实验仪器及耗材

微量取液器（10μL、200μL、1000μL）、台式高速离心机、瞬时离心机、涡旋振荡器、琼脂糖平板电泳装置及电泳仪、PCR 仪（DNA 扩增仪）、分光光度计、高压蒸汽消毒器（灭菌锅）、低温冰箱、制冰机、恒温振荡摇床、恒温水浴锅、电热恒温培养箱、无菌工作台、凝胶成像系统等。

各种 Eppendorf 管、PCR 小管、离心管架、玻璃平皿、一次性手套等。

2. 实验材料

● *E. coli* DH5α 菌株。之所以采用 DH5α 菌株，一是因为其保真度高，利于基因的克隆和表达；二是该菌株属于松散控制型，有利于扩增质粒。

● *E. coli* BL21（DE3）菌株，蛋白酶缺陷型，而且在 lac 操纵下游有一个 T_7 RNA 聚合酶位点，以启动 T_7 启动子的转录，用于表达靶蛋白。

pEGFP-N3 质粒、pET-28a（+）质粒。

获得 EGFP 片段正向引物与反向引物

p1　5′-| GGGCAT**ATG** |GTGAGCAAGGGCGAGGAG-3′

p2　5′-| GGGCTCGAG**TTA** |CTTGTACAGCTCGTCCATG-3′

pET-28a 鉴定引物（T_7 Primer）

5′-TTA ATA CGA CTC ACT ATA GGG-3′
5′-CGT AGT TAT TGC TCA GCG G-3′

3. 试剂

（1）PCR 相关的试剂

● DNA 模板；pEGFP-N3 质粒；正向引物与反向引物；*Taq* 酶（*TaKaRa*，5U/μL）；dNTP；10×PCR 缓冲液；无菌水。

（2）DNA 酶切和连接反应试剂

● 限制性内切酶（*Xho*I、*Nde*I、*Bam*HⅠ）；T_4 DNA 连接酶及相应缓冲液。

（3）质粒 DNA 提取和电泳试剂

● 溶液Ⅰ：pH 值为 8.0 GET 缓冲液：50mmol/L 葡萄糖、10mmol/L EDTA-Na_2、25mmol/L Tris-HCl。

● 溶液Ⅱ：0.2mol/L NaOH、1%SDS。

● 溶液Ⅲ：pH 值为 4.8 乙酸钾溶液：60mL 5mol/L KAc、11.5mL 冰醋酸、28.5mL ddH_2O。

● 酚/氯仿（体积比 1∶1）。

● 50×TAE：242g Tris、57.1mL 冰乙酸、100mL 0.5mol/L EDTA（pH 值为 8.0）。

● 0.1mol/L $CaCl_2$ 溶液：每 100 L 溶液含 1.1g $CaCl_2$，用双蒸水配制，灭菌处理。

4. 培养基

● LB 液体培养基（luria-bertani）：称取蛋白胨（tryptone）10g、酵母提取物 5g、NaCl 10g，溶于 800mL 去离子水中，用 NaOH 调 pH 值至 7.5，加去离子水至总体积 1L，高压下蒸气灭菌。

● LB 固体培养基：液体培养基中每升加 12g 琼脂粉，高压灭菌。倒板前加入 Kan 抗生素即可制成具 Kan 抗性的平板。

【实验基本设计路线】

实验设计思路如图 3-26 所示。

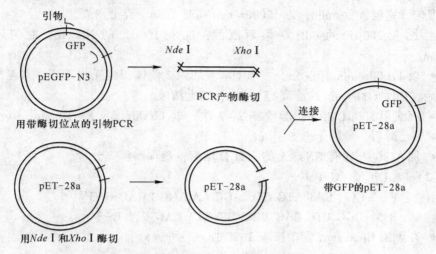

图 3-26　PCR 方法获得基因片段的实验设计

- 利用前述引物及条件进行 PCR，对产物 EGFP 进行切胶回收。
- 用 XhoI 和 NdeI 双酶切得到 EGFP 基因酶切片段，同时双酶切载体。为了保证酶切反应进行完全，酶切时间采取过夜。
- 利用 T_4 DNA 连接酶连接，16℃过夜。为了保证连接效率，片段与载体的个数比保持大于等于 30∶1。
- 将所有连接产物转化到大肠杆菌 DH5α 菌种，振荡培养。
- 挑选阳性克隆，进行菌落 PCR 初筛，对阳性克隆进一步提取质粒进行双酶切鉴定，确定重组子。
- 将成功重组的质粒转化到大肠杆菌 BL21（DE3）菌株中，用 IPTG 诱导蛋白表达。

【实验步骤】

1. 基因片段的获得

（1）提取 pEGFP-N3 和 pET-28a 质粒

- 将分别带有 pEGFP-N3 及 pET-28a 的 DH5α 接种在 LB 液体培养基中，37℃培养 12~18h（5mL，Kan 抗性）。
- 取菌液（DH5α）1.5mL 置于 Eppendorf 管中，以 12000r/min 离心 1min，去掉上清液；重复一次。将小管倒扣在吸水纸上，尽量除去培养基。
- 加入 150μL 的 GET 缓冲液，室温下放置 10min。

- 加入 200μL 的 SDS 溶液（含 NaOH），颠倒 4~5 次混匀后，冰置 5min。
- 加入 150μL 预冷的 KAc，颠倒数次后冰上放置 15min。
- 用台式高速离心机以 12000r/min 离心 5min，取上清液加入等体积的异丙醇，混匀，室温放置 5min，以 12000r/min 离心 5min，弃上清液。
- 加入 200μL 的 ddH₂O 溶解沉淀，加入 100μL 的 NH₄Ac，混匀后冰置 5min。
- 以 12000r/min 离心 5min，取上清液加入 2 倍体积的无水乙醇，室温放置 5min 后，以 12000r/min 冷冻离心 15min，弃上清液。
- 沉淀用 500μL 70% 乙醇洗涤 2~3 次，以 12000r/min 离心 5min，弃上清液；除尽乙醇后，冷冻干燥 5~10min。
- 加入 30μL 含有 RNaseA 的 ddH₂O 溶解，确保溶解充分。

（2）PCR 扩增 EGFP 片段

引物：F 5′-GGG CAT ATG GTG AGC AAG GGC GAG G-3′

　　　R 5′-GGG CTC CAG TTA CTT GTA CAG CTC G-3′

- 在无菌 Eppendorf 管中按表 3-20 加入各种成分。

表 3-20　PCR 反应所需成分

反应物	体积/μL	终浓度
4 dNTPs	2	200μmol/每种 dNTP
10×Buffer	5	1×缓冲液
引物-5′	1	25 pmol/每个反应
引物-3′	1	25 pmol/每个反应
DNA 模板 pEGFP-N3	1	5ng-10 ng/每个反应
Taq 酶	1	5U/每个反应
ddH₂O	39	
总体积	50	

- 样品混匀后将反应管置于 PCR 仪中并设定温度条件：

94℃反应 5min 后开始一次循环：

94℃变性反应（30s）——→58℃退火（50s）——→72℃延伸反应（1min）

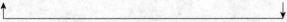

完成 30 次循环，待反应结束后，于 72℃延伸反应 10min

- 琼脂糖凝胶电泳鉴定，确定扩增 EGFP 片段。

（3）DNA 片段回收

- 酚/氯仿抽提一次 12000r/min 离心 5min。
- 取上清液，加入 10 倍体积的 3mol/L NaAc 溶液、1mL 无水乙醇，混合均匀，-20℃沉淀 30min。

- 12000r/min 离心 10min，弃上清液。沉淀用 70%乙醇洗两次，吹干，溶于 20mL 去离子水中。

（4）酶切

- 按表 3-21 加试剂到离心管中。反应物混匀后在 37℃进行双酶切过夜。
- 取 2μL 酶切液作电泳分析。
- 将余下的酶解液（28μL）加入 1/2 体积醋酸钾，再加入 2 倍体积 95%乙醇，置-20℃冰箱中 30min 以上。
- 以 12000r/min 离心 5min，弃上清液，70%乙醇洗涤沉淀，去上清液。
- 真空干燥仪中 37℃抽干后加 8μL TE 缓冲液。

表 3-21　两个基因分别双酶切所需试剂

反应物	pEGFP 片段/μL	pET-28a 质粒/μL
DNA	20	20
10×Buffer K	3	3
*Nde*I	2	1
*Xho*I	2	1
ddH$_2$O	3	5
总体积	30	30

2. 基因重组

- 连接反应。将酶切后的目的基因 EGFP 和载体 pET-28a 按表 3-22 依次加样，混匀。

表 3-22　目的基因与载体酶切产物的连接反应体系

反应物	体积/μL
pET-28a 酶切产物	2
EGFP 酶切产物	14
T$_4$ DNA 连接酶	1
T$_4$ DNA 连接酶缓冲液	2
ddH$_2$O	1
总体积	20

- 反应物混合完全后于 16℃水浴中连接过夜（保温 14~16h）。使用 PCR 方法获得的目的基因片段与载体的分子个数比最好为 30∶1；使用双酶切方法获得的目的基因与载体的分子个数比为 3∶1。
- 取 4μL 作电泳检查，鉴定反应连接产物。

3. 重组质粒转入 *E. coli* DH5α 菌株

（1）大肠杆菌 DH5α 感受态制备

- 将 120μL 大肠杆菌 DH5α 接种到 4mL 的 LB 培养基中，置 37℃摇床于

180r/min 振荡，再将 10μL 大肠杆菌 BL21（DE3）菌接入 3mL LB 液体培养基中，过夜培养；

- 二次活化：按 1：50 比例接入新的试管中摇菌 2h；
- 将细菌转到无菌 Eppendorf 管，冰置 10min，使培养物冷至 0℃；
- 4℃，4000r/min 离心 1min，收回细胞，弃上清液，将管倒置使残留痕量培养液流尽；
- 取 400μL 冰冷的 0.1mol/L CaCl₂ 悬浮沉淀，放置于冰浴 15min；
- 4℃，4000r/min 离心 10min，回收细胞使培养液流尽；
- 取 400μL 冰冷 0.1mol/L 的 CaCl₂ 悬浮细胞，于冰上放置备用。

（2）细胞转化

- 在制好的感受态细胞中加入 4μL 连接产物，冰置 30min；
- 42℃，水浴 90s（不超过 2min），迅速于冰上冷却 3~5min；
- 每管加 100μL 的 LB 培养基，使总体积约 200μL，摇匀于 37℃ 放置（或摇菌）15min 以上；
- 取 100μL 感受态细胞溶液，均匀涂于 LB 平板上，观察菌生长状况；
- 37℃ 培养 12h，收板后放入 4℃，备用。

4. 重组体筛选鉴定

（1）对转化产物进行 PCR 筛选

- 用灭菌牙签挑取单菌落在另一块 Kan 平板上划线，随后将牙签在 PCR 反应液中浸蘸片刻，作为 PCR 模板；
- 按表 3-23 配制菌落 PCR 扩增的反应体系。

表 3-23　菌落 PCR 扩增的反应体系

反应物	体积/μL
10×PCR Buffer	1.0
dNTP	0.5
正向引物	0.25
反向引物	0.25
DNA 模板	挑取单菌落
ddH₂O	6.5
混匀	
Taq 酶	1.0
总体积	10

- 反应物混合完全后置于 PCR 仪中，设定温度条件；
- 94℃ 反应 5min 后开始进入 30 个循环：

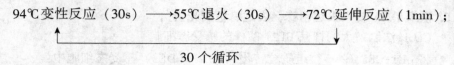

94℃变性反应（30s）——→55℃退火（30s）——→72℃延伸反应（1min）；

30 个循环

- 72℃再延伸反应 10min；
- PCR 反应结束后，1%琼脂糖凝胶电泳检验特异条带。

（2）重组体 DNA 的提取与酶切鉴定

- 选取菌落 PCR 筛选为阳性克隆的白色菌落，接种在 3~5mL LB 液体培养基中培养至混浊，分 3 次收集菌体，每次 1mL 菌液，13000r/min 离心 1min。去掉上清液，用吸水纸吸干其中水分；
- 加入 150μL GET 缓冲液，充分混匀，室温放置 10min；
- 加入 200μL 0.2mol/L NaOH（内含 1% SDS），缓慢地反复颠倒 4~5 次，使之混匀，冰上放置 5min；
- 加入 150μL 冰冷的乙酸钾（pH 值为 4.8），缓慢地反复颠倒 4~5 次，冰上放置 15min；
- 10000r/min 离心 5min，将上清液倒入另一干净离心管中，冰上放置 15min。如果混浊则需要再次离心；
- 加入等体积酚氯仿，混匀，12000r/min 离心 3min，取上清液。转移上清液至新管，并加入 2 倍体积无水乙醇，−20℃ 放置 10min，12000r/min 离心 10min。弃去上清液；
- 沉淀用 500μL 70%乙醇洗涤一次，以 12000r/min 离心 5min，倒置除尽水和乙醇，自然干燥；
- 加入 20μL 含有 30μg/mL RNaseA 的无菌水溶解，室温放置 30min，用于后续的酶切鉴定也放在−20℃冰箱中保存；
- 配制酶切反应体系，按表 3-24 加试剂到离心管中，反应物混合完全后放入 37℃恒温水浴锅中，酶切 3h。

表 3-24　重组体酶切鉴定反应体系

反应物	体积/μL
重组体 DNA	0.5
10×Buffer K	1.0
Not I	0.4
*Bam*H I	0.4
BSA	0.8
ddH$_2$O	6.9
总体积	10.0

5. 重组 DNA 转入表达菌株，表达绿色荧光蛋白

- CaCl₂ 法制备大肠杆菌 BL21 菌株的感受态细胞；

- 将 pET-28a（+）重组质粒转化入 BL21（DE3）感受态细胞中；

- 重组蛋白的诱导表达：

■ 将转化好的细胞涂于含 Kan 的固体培养基上在 37℃培养 16～24h（同时做一平板含 Kan），涂 4μL 的 IPTG（1000 倍稀释后涂板）；

■ 挑单菌落，37℃振荡培养过夜，1:100 稀释菌，生长到 $OD_{600\,nm} = 1.0$，加入 IPTG，分别诱导 0h、1h、2h、4h、6h、8h；

■ 10000r/min 离心 5min 去上清液，收集的菌体置于 400nm 的长紫外光下观察 EGFP 基因表达情况。

【实验结果】

1. 基因片段的获得

以提取的质粒 pEGFP-N3 为模板，利用自行设计的引物（带有限制性核酸内切酶 *Xho* I 和 *Bam*H I）进行 PCR 反应，扩增产物经 1% 琼脂糖凝胶电泳检测所得的结果如图 3-27 和图 3-28 所示。图 3-27 中，泳道 1 为 Marker，泳道 2～泳

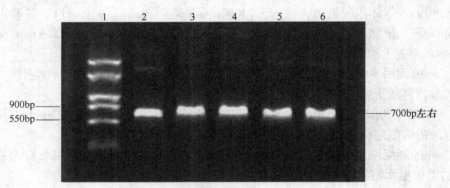

图 3-27　PCR 扩增出 700bp 的基因片段

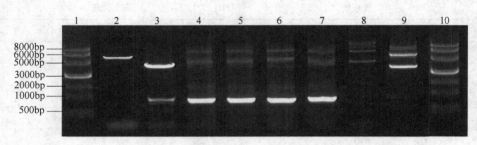

图 3-28　提取 pEGFP-N3 质粒、pET-28（a）质粒及双酶切结果和 PCR
扩增片段琼脂糖凝胶电泳图谱

道 6 为 PCR 扩增产物，大小在 700bp 左右，与预期的大小相符，表明成功扩增出 EGFP 基因。但在目标条带以外，也可模糊看到一些非特异性条带。因此再次电泳以查看非特异性条带情况。图 3-28 中，泳道 4~泳道 7 也为 PCR 扩增产物，在 700bp 处可见条带非常明显的目标产物，但在其他处也产生亮度不是非常明显的非特异性条带。表明此次 PCR 扩增反应条件还需进一步摸索，提高退火温度，以减少非特异性条带的产生。

2. 质粒 pEGFP-N3 和 pET-28（a）提取及酶切电泳结果

碱裂解方法提取质粒，用限制性核酸内切酶 *Xho* I 和 *Bam*H I 酶切，进行 1% 琼脂糖凝胶电泳检测所得的结果如图 3-28 所示。泳道 1 和泳道 10 为 DNA Marker；泳道 2 为 *Xho* I 和 *Bam*H I 双酶切后的 pET-28（a）质粒，在 5.4kb 处产生一条带，与质粒 pET-28（a）大小一致，表明质粒提取成功；泳道 3 为 *Xho*I 和 *Bam*H I 双酶切后的 pEGFP-N3 质粒，可以看到产生两条目标带，其中较小片段大小约 700bp，为 GFP 基因，较大片段大小约 4.7kb，为质粒 pEGFP-N3 切除 EGFP 产物，表明质粒 pEGFP-N3 提取成功；泳道 8 为 pET-28（a）质粒，有三条带，分别为超螺旋、开环和线状三种构型；泳道 9 为 pEGFP-N3 质粒，有三条带，分别为超螺旋、开环和线状三种构型。

3. 重组质粒及其鉴定

将 PCR 扩增获得的目的基因 EGFP 和载体 pET-28（a）双酶切（*Xho* I 和 *Bam*H I）后的产物在 T₄ DNA 连接酶作用下进行连接反应，连接反应产物用热激法转化大肠杆菌 DH5α 菌株中，以菌落 PCR 筛选后，对阳性克隆的菌接种到 LB 液体培养基（含 Kan⁺）中，提取重组质粒，并用限制性内切酶 *Xho* I 和 *Bam*H I 双酶切，1% 琼脂糖凝胶电泳检测所得的结果如图 3-29 所示。从图中看到，重组质粒 *Not* I 和 *Bam*H I 双酶切后，均可产生较小片段为 700bp 的 EGFP 基因片段，表明选取的经菌落 PCR 筛选为阳性克隆的菌落均为重组子。可用于后续的实验，同时保留菌种。

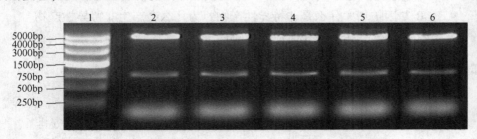

图 3-29　重组体质粒的酶切鉴定电泳图谱

4. 表达蛋白的结果

pET-28a（+）重组质粒转化入大肠杆菌 BL21（DE3）中，经 IPTG 分别诱导 0h、1h、2h、4h、6h、8h 后置于 400nm 的长紫外光下检测重组质粒的表达情况如图 3-30 所示。图中各转化后的产物由左向右诱导时间逐渐增长，可以看出，IPTG 诱导 4h 和 6h 的 EP 管中的菌体发出的绿色荧光最明亮，表明 EGFP 在此条件下诱导表达量高。

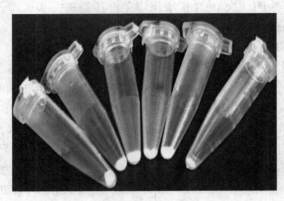

图 3-30　重组基因经 IPTG 诱导后表达

【注意事项】

在实验中，为了保证 *Xho* I 和 *Nde* I 双酶切时酶切反应完全，可以采取过夜处理，而不会把基因"切碎"，充分而完全的酶切是后面连接反应顺利进行与否的基础。

【分析思考】

- PCR 基因扩增的原理是什么？
- 设计引物有哪些原则？设计一对绿色荧光蛋白基因引物并确定其正确性。
- PCR 基因扩增中什么是非特异性产物？为什么会产生非特异性产物？
- 什么是菌落 PCR？操作时应注意哪些事项？

【时间安排】

第一天：

- 开题报告，讲述实验资料查询、设计思路及其实验方法和时间安排。
- 清点试剂及仪器，准备 LB 培养基，配制各种溶液；准备灭菌 EP 管、PCR 管和枪头等仪器。
- 接种含 pEGFP-N3 和 pET-28a 质粒的大肠杆菌菌株至 LB 液体培养基中过夜培养。

第二天：
- 提取 pEGFP-N3 和 pET-28a 质粒。
- PCR 扩增 EGFP 片段，酶切 EGFP 和 pET-28a 质粒。
- 切胶回收两个片段，然后用 T_4 DNA 连接酶连接过夜。

第三天：

将连接后的重组 DNA 转入大肠杆菌 DH5α 感受态细菌中。

第四天：
- 筛选阳性克隆，从而得到含 pET-28a-EGFP 质粒的菌株。
- 将含有 pET-28a-GFP 质粒的菌株接种于 LB 液体培养基中（含 Kan$^+$）。

第五天：
- 提取 pET-28a-EGFP 质粒。
- 再将其转入大肠杆菌 BL21 表达型菌株内，培养过夜。

第六天：
- 将表达菌液扩大培养。
- IPTG 诱导 0h、2h、4h、6h、8h，分别收集菌体长紫外光下检测。

第七天：
- 结果处理，作 Luciferase 标准曲线。
- 结题报告，讲述实验结果，结果讨论及其实验改进的设想及其方法。

实验十　谷胱甘肽转硫酶-绿色荧光蛋白融合蛋白的基因克隆及其表达

　　绿色荧光蛋白在生物科研中被广泛应用。本实验以绿色荧光蛋白（EGFP）为操作对象，通过双酶切从 pEGFP-N3 质粒上得到 EGFP 基因，再把它重组到 pGEX-4T-1 表达载体（这个载体本身带有谷胱甘肽转硫酶（glutathione s-trans-ferases，GSTs）基因片断）上，然后转化入表达宿主菌株大肠杆菌 BL21（DE3）进行原核表达（见图 3-31）。GST-EGFP 融合蛋白的表达受到 IPTG 诱导，并且诱导 6h 内检测的蛋白浓度表达水平随诱导时间延长而上升。

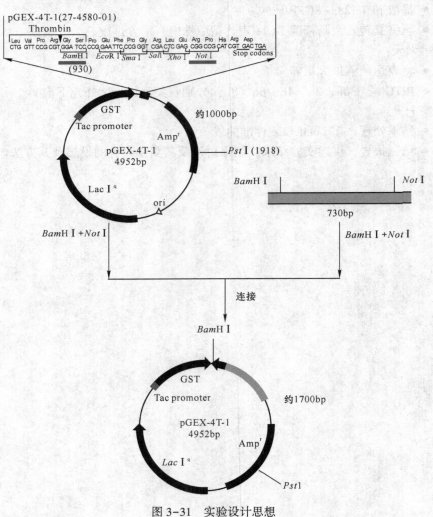

图 3-31　实验设计思想

【实验目的】

本实验内容的选取是将基因工程的关键实验技术（如质粒 DNA 的提取、DNA 的酶切、DNA 凝胶电泳、聚合酶链式反应、蛋白质转移、双脱氧终止法测序等）有机地连成一体，也就是说，设计一个流程，将上述的实验技术涵盖进去，可以让学生对基因克隆与表达的基本方法有比较深刻的理解；由于该流程只有起点和终点是固定的，而实验过程学生可根据自己的兴趣去设计，从而可增强学生的自主性设计实验能力，并且实验可以得到很好的结果，增强学生的成就感。

【实验原理】

1. 背景资料

（1）谷胱甘肽转硫酶（glutathione s-transferases，GSTs）

谷胱甘肽转硫酶（glutathione s-transferases，GSTs）是广泛存在于动物和人体的各种组织中的一组同工酶家族，均为由两个亚基组成的二聚体，分子质量为 45~49kDa。在生理上，具有重要的解毒功能。谷胱甘肽（glutathione，GST）参与芳香环氧化物、过氧化物和卤化物的解毒作用，GST 催化这些带有亲电中心的疏水化合物与还原型谷胱甘肽（GSH）的亲核基团 GS–反应，中和它们的亲电部位，使产物水溶性增加，经过一系列代谢过程，最后产物为巯基尿酸，被排出体外，从而达到解毒目的。GST 还能共价或非共价地与非底物配基以及与多种疏水化合物结合，具有结合蛋白的解毒功能。在分子实验中，利用 GST 融合蛋白有很多的实际应用，可以用来进行亲和层析、Far Western 印迹，以及沉降技术检测蛋白质—蛋白质相互作用。

GSTs 在分子实验中的应用：由于 GST 对底物谷胱甘肽（GSH）的亲和力是亚毫摩尔级的，因此 GSH 固化于琼脂糖形成的亲和层析树脂对 GST 及其融合蛋白的纯化效率极高。

pGEX-4T-1 表达载体上谷胱甘肽转硫酶基因编码序列：从第 258~977 位，其中从第 918~935 位有凝血酶结合位点，而在 930~966 位上有由多个酶切位点构建的多克隆位点。在 1307~2237 位点上是 bla 即 β-内酰胺酶基因，其编码区在 1377~2237 区段，决定 Amp 抗性的部分。

（2）pEGFP-N3 质粒

pEGFP-N3 质粒编码野生型绿色荧光蛋白 GFP 的（荧光波长较大）变异体蛋白，具有更强的荧光（在 485nm 激发下比野生型强 35 倍）和在哺乳动物细胞中有较好的表达。激发峰在 488nm，发射峰在 507nm，其多克隆位点（MCS）的酶切图谱如图 2-5 所示。该载体被用作实验中 EGFP 的来源质粒。它在第 591~

665 位有一个多克隆位点（MCS）；在末端有与卡那霉素抗性相关的基因，因此可以利用加有卡那霉素的培养基对转化结果进行筛选（不过本实验不使用卡那抗性，因为这个质粒只用来提供 EGFP，不作为载体，所以不用 Kan 筛选。但是，在摇菌的时候，要加入 Kan）。实验中需要酶切下 EGFP 基因片段（约 700bp），再连接到 pGEX-4T-1 载体质粒上。

该质粒全长 4729bp，其中第 675～1394 位为 EGFP 的编码区，该质粒上第 2625～3419 位是编码新霉素磷酸转移酶的编码区，而该区域使该质粒具有卡那霉素的抗性。

该质粒含有 P_{cmv} 启动子，从而能够进行真核细胞内的转录和翻译，使该系列载体成为在真核细胞内利用 GFP 进行定位和标记的常用载体。

（3）pGEX-4T-1 质粒

载体自身带有 GST 片段，其基因图谱及多克隆位点（MCS）的酶切图谱如图 3-32 所示。该载体在实验中被用作 EGFP 的载体质粒。它本身含有 GST 基因、Tac 启动子、*bla* 基因、*Lac* I^q 基因、*Amp* 抗性基因等组件。实验目的是要获得 EGFP-GST 融合蛋白，因此在设计重组质粒时不能破坏开放读码框（ORF）。我们选用 *Bam*H I 、*Not* I 进行双酶切，并将 EGFP 基因连接到 GST 读码框末端。

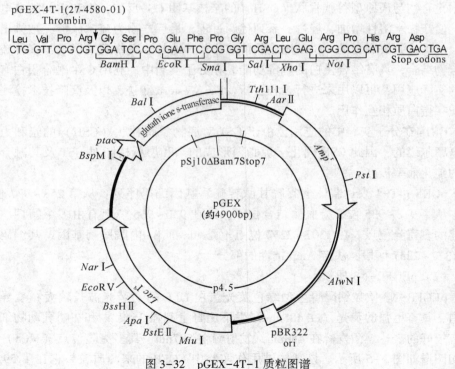

图 3-32　pGEX-4T-1 质粒图谱

质粒全长 4969bp，是来自于大肠杆菌的原核表达载体，其主要结构如下：由 Tac 启动子（第 183~211 位）、tac 启动子、lac 启动子和 trp 启动子组合而成的混合启动子，*Lac* I^q 在 3318~4400 位上还有 *Lac* I^q 基因，起到了 lac 抑制子的作用，使得质粒中的 GST 的表达受到调控。本实验中，用 IPTG 诱导时，由于 IPTG 和 *Lac* I^q 的表达产物结合，所以使得 GST 能够顺利表达。

2. 本实验两种基因重组方案设计

（1）用双酶切法得到目的基因构建重组载体

利用质粒 pEGFP-N3 经 *Bam*H I、*Not* I 双酶切直接获得 EGFP 片段，连接入经过同样酶双酶切得到的表达载体 pGEX-4T-1 中，得到重组质粒，用菌落 PCR 和酶切鉴定重组质粒（见图 3-33）。

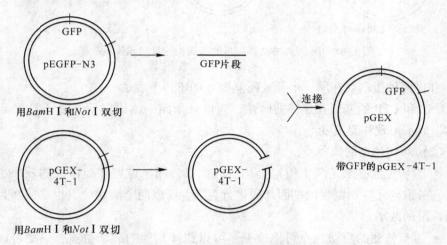

图 3-33　用双酶切法得到目的基因构建重组载体示意图

（2）用 PCR 方法得到目的基因构建重组载体

利用质粒 pEGFP-N3 经限 PCR 扩增出 GFP 片段，*Bam*H I/*Xho* I 双酶切后直接连接入经过同样酶切得到的表达载体 pGEX-4T-1 中，得到重组质粒（见图 3-34）。

PCR 反应扩增 GFP 片段，通过在自行设计的 PCR 引物中引入酶切位点 *Bam*H I 和 *Xho* I，使得到的 PCR 产物可以在双酶切后顺利连接到表达载体中。

正向引物：5'-GTA GGATCCGGC GTG TAC GGT GGG A-3'
反向引物：5'-GGG CTC GAG TTA CTT GTA CAG CTC G-3'
直接挑取所有单菌落培养，双酶切鉴定质粒。

3. 如何构建表达载体

融合蛋白表达载体构建，主要要考虑解决的以下几个问题。

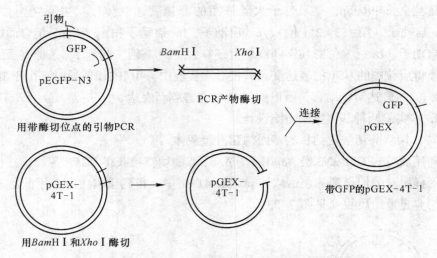

图 3-34　用 PCR 方法得到目的基因构建重组载体示意图

（1）两种蛋白要在同一个开放阅读框（ORF）下表达

GST 和 GFP 的基因在连接的时候，应该处于同一读码框下，保证 GFP 正常表达，而不出现移码突变。

（2）酶切位点的选择

● 酶切位点必须是两个质粒上均有的位点，两个位点在载体上的顺序也要相同。考虑到还要切割目的基因片段进行克隆，所以两个酶切位点也必须在目的基因片段的两端。

● 进行检测的酶切位点可以改变，可以选择其他的酶切位点，只要可以达到切下较为特异可判断的片段的目的即可。

● 本实验酶切位点的选择。检验过程中除了 Not I 以外，其他位点，如 Amp 抗性基因，Lac I ^{q} 上的酶切位点也可以考虑。

（3）序列中不能出现终止密码子（stop codon）

在同一读码框下的 TAA、TAG、TGA 三个密码子为终止密码子，不同物种之间的终止密码子基本相同，少数物种有种特异性。

多克隆位点（MCS）在 pGEX-4T-1 中的 GST 基因序列中部，所以不会出现终止密码子，但是要注意的是 EGFP 连入的时候，在酶切位点附近有可能产生终止密码子。在融合表达载体的蛋白编码区中间的终止密码子可能导致 EGFP 不能表达，从而不显示绿色荧光。

（4）检测 PCR 引物设计

要求 GST 的起始位点 ATG 与克隆到的 GFP 片段中的原起始位点 ATG 之间的

碱基数为 3 的倍数。

（5）融合蛋白大小计算

- 可根据质粒图谱上的多克隆位点切点编号得知相应片段 DNA 的大小。
- GFP：1398−661＝737。
- GST：977−258＝719。
- 融合蛋白：737＋791＝1456。
- 融合蛋白氨基酸数：1456/3＝485。
- 蛋白中氨基酸平均分子质量为 110Da。
- 融合蛋白大小：110×485＝53.4kDa。

【主要仪器、试剂与材料】

1. 实验仪器及耗材

摇床、冰箱、电泳仪、恒温水浴槽、水浴锅、灭菌锅、超净台、离心机、凝胶自动成像仪、蛋白质电泳槽、蛋白质转移槽、微量移液器。

Eppendorf 管、枪头、吸水纸、硝酸纤维素膜等。

2. 实验材料

携带 pEGFP-N3 质粒的菌株、携带 pGEX-4T-1 质粒的菌株、大肠杆菌 DH5α 菌株、大肠杆菌 BL21（DE3）菌株。

3. 主要试剂

- 溶液Ⅰ：50mmol/L 葡萄糖、10mmol/L EDTA-Na$_2$、25mmol/L Tris-HCl，pH8.0；溶液Ⅱ：0.2mol/L NaOH，内含 1%SDS；溶液Ⅲ：乙酸钾溶液：3mol/L KAc、2mol/L HAc，pH4.8；酚-氯仿：酚与氯仿体积比例 1∶1；TE 缓冲液；TBE 缓冲液（0.5×TBE）；限制性内切酶 BamHⅠ、NotⅠ、XhoⅠ、DNA 分子质量标准，蛋白分子质量标准，一抗，二抗，氨苄青霉素抗生素，DNA 连接酶等。

4. 培养基

LB 固体培养基（pH 值为 7.5）。

【操作步骤】

1. 提取质粒

每人分别提取 pEGFP-N3 和 pGEX-4T-1 两种质粒，提取流程如下：

- 取 1.5mL 摇好的菌液加入 1.5mL Eppendorf 管中，12000r/min 离心 1min，弃上清液，再加入 1.5mL 菌液，12000r/min 离心 1min；
- 弃上清液，加入 150μL 溶液Ⅰ，充分混匀，使菌体重悬，冰浴 5min；
- 加入新配制的溶液Ⅱ 200μL，快速温和颠倒离心管数次，使之混匀，冰浴 5min；

- 加入 150μL 预冷的溶液 Ⅲ，温和颠倒数次使之混匀，冰浴 15min，12000r/min 离心 5min；
- 上清液移入干净的离心管中，加入等体积的酚-氯仿，振荡混匀，12000r/min 离心 2min；
- 将水相移入干净的离心管中，加入 2 倍体积无水乙醇混匀，室温放置 2min 后 12000r/min 离心 5min；
- 倒去上清液，将管口敞开倒置于吸水纸上使所有液体流出，加入 0.5mL 70%乙醇洗沉淀 2~3 次，12000r/min 离心 5min；
- 吸除上清液，将管倒置于吸水纸上使液体流尽，真空抽干；
- 将沉淀溶于 20μL 含 RNA 酶的 TE 溶液中，备用。

2. pEGFP-N3 和 pGEX-4T-1 质粒双酶切

按照表 3-25 配制双酶切反应体系，37℃酶切 3h。

表 3-25　pEGFP-N3 和 pGEX-4T-1 质粒 DNA 双酶切体系

反 应 物	体积/μL
重组体 DNA	21
10×Buffer K	3.0
Not I	1.5
*Bam*H I	1.5
BSA	3.0
总体积	30.0

3. 鉴定并回收酶切产物

按照如下流程进行电泳鉴定、切胶、回收酶切产物：

- 配制 1%琼脂糖凝胶：称取 0.3g 的进口琼脂糖，量取 30mL 的 0.5×TBE 缓冲液，微波炉中加热至溶液澄清，稍微冷却后，倒入制胶槽，插入梳子；待胶板凝固后，将铺胶的有机玻璃内槽放在电泳槽中；向电泳槽注 0.5×TBE 缓冲液至没过胶面，轻拔出梳子。
- 将提取的质粒溶液与荧光染料混匀，上样。
- 样品进胶前恒压 80V，进胶后恒压 120V。
- 电泳后用凝胶自动成像仪拍照保存。
- 采用 TianGen 商业化试剂盒，所有操作和使用按照说明书；pEGFP-N3 回收 700bp 左右 EGFP 片段，pGEX-4T-1 回收 5000bp 左右载体片段。

4. 重组体的连接

在离心管中按照表 3-26 连接体系，16℃连接过夜。

表3-26　连接反应体系

反 应 物	体积/μL
pET-28a 酶切产物	3
EGFP 酶切产物	14
T$_4$ DNA 连接酶	1
T$_4$ DNA 连接酶缓冲液	2
总体积	20

5. 转化至 DH5α 菌株

（1）制备 DH5α 感受态细胞

- 从新活化的 *E.coli* DH5α 菌平板上挑取单菌落，接种于 3mL LB 液体培养基，37℃振荡培养 12h，至对数生长期。将该菌悬液 1∶50 接种于 LB 液体培养基，37℃振荡培养 2h，停止培养。

- 培养液在冰上冷却片刻后，转入离心管，4000r/min 离心 5min；重复一次。

- 倒净上清液，用 600μL 冰冷的 0.1mol/L CaCl$_2$ 溶液小心悬浮细胞，冰置 20min。

- 4℃，4000r/min 离心 5min 后去上清，加入 100μL 冰冷的 0.1mol/L CaCl$_2$ 溶液小心悬浮细胞，冰上放置片刻，即制成感受态细胞悬液。

（2）重组质粒转化大肠杆菌 DH5α

- 取 100μL 摇匀后的感受态细胞悬液，加入连接产物 10μL，轻轻摇匀，冰上放置 30min。

- 42℃水浴中热激 90s，然后迅速在冰上冷却 2min。

- 上述各管中分别加入 100μL LB 液体培养基，摇匀后于 37℃振荡培养 45min，使受体菌恢复正常生长状态。

- 将复苏后的转化液取 100μL，涂于含 Amp 的 LB 平板培养基上；另取 50μL 涂于另一平板上作梯度对照。

- 菌液完全被培养基吸收后，倒置培养基，于 37℃恒温培养箱内培养过夜。

6. 菌落 PCR 鉴定

（1）pGEX-EGFP 重组质粒 PCR 鉴定引物设计

　　　　FP：5′-GGG CAT ATG GTG AGC AAG GGC GAG G-3′

　　　　RP：5′-GGG CTC GAG TTA CTT GTA CAG CTC G-3′

（2）菌落 PCR 反应体系

挑取 20 个单菌落，按表 3-27 体系进行菌落 PCR 鉴定；同时将每个单菌落分别接种于 3mL 含氨苄霉素的液体 LB 培养基中，37℃摇菌过夜，待提取质粒用于后续实验。

表 3-27　菌落 PCR 鉴定反应体系

反应物	管 1 体积/μL	管 2 体积/μL	管 3 体积/μL	备注
10×PCR Buffer	1.0	1.0	1.0	
dNTP	1.0	1.0	1.0	
EGFP-Primer F	0.5	0.5	0.5	
EGFP-Primer R	0.5	0.5	0.5	混匀
DNA 模板	挑取单菌落	1（pEGFP-N3 质粒）	0	
ddH$_2$O	7	6	7	
Taq 酶	1.0	1.0	1.0	
总体积	10	10	10	

注：管 2 为阳性对照，管 3 为阴性对照。

（3）菌落 PCR 反应条件

菌落 PCR 反应过程如图 3-35 所示。将 PCR 产物电泳，选择扩增出 GFP 片段的对应阳性菌落提取质粒进行下一步实验。

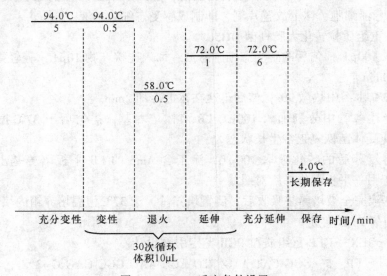

图 3-35　PCR 反应条件设置

7. 转化入大肠杆菌 BL21（DE3）菌株

转化方法同前。转化至 DH5α 菌株，转化菌液和非转化菌液分别在含1mmol/L IPTG LB（Amp$^+$）固体平板和含 LB（Amp$^-$）固体平板表层涂抹进行诱导。

8. 摇菌及表达蛋白

• 从重组大肠杆菌 BL21（DE3）筛选板上选取发绿色荧光的阳性克隆单菌落两个，分别接种到 3mL 含 Amp 的 LB 液体培养基中，37℃摇菌过夜。

• 分别取 0.5mL 过夜菌，加入 4 个 3.0mL 含 Amp 的 LB 液体培养基管中，37℃活化 2~3h。对照组不加入 IPTG，直接离心去上清液，冻存。实验组分别加入 4μL 1mol/L IPTG 诱导 GST-GFP 融合蛋白的表达，第一管 1h 后离心冻存，第二管 2h 后离心冻存，第三管 4h 后离心冻存。这样就形成了 IPTG 诱导 0h、1h、2h 和 4h 的时间梯度。另外还有一组为空载体，即含有 pGEX-4T-1 的菌，操作同 0h 实验组。

【实验结果】

1. 提取 pEGFP-N3 和 pGEX-4T-1 质粒

用碱裂解法提取质粒，经 1% 琼脂糖凝胶电泳分析的结果如图 3-36 所示。本实验中提取的 pGEX-4T-1 和 pEGFP-N3 质粒大小分别为 5kb 和 4.7kb 左右。从图中可以看出，提取的质粒 pEGFP-N3 和 pGEX-4T-1 均产生三条带，分别为超螺旋、开环和线状三种构象的质粒。

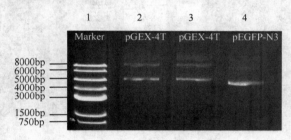

图 3-36　pEGFP-N3 和 pGEX-4T-1 质粒 DNA 电泳图

2. 质粒双酶切

将上述提取的质粒用两种核酸内切酶（*Bam*HⅠ/*Not*Ⅰ）双酶切（见图 3-37），质粒 pGEX-4T-1 只切掉了大约 10bp 的长度，酶切后的产物为线状，大小约 5kb。质粒 pEGFP-N3 双酶切产物产生两条带，一条为目的基因 EGFP（大小约 700bp），另一条带为去除 EGFP 的载体（大小约 4kb）。表明酶切反应彻底，可用于下一步的实验。

3. 菌液 PCR 鉴定重组菌落

用胶回收试剂盒回收载体 pEGFP-N3 双酶切（*Bam*HⅠ/*Not*Ⅰ）反应产物中的目的基因 EGFP 片段，以及 pGEX-4T-1 双酶切（*Bam*HⅠ/*Not*Ⅰ）产物的载体片段，将二者通过 T₄ DNA 连接酶作用进行连接反应，热激法将连接反应产物

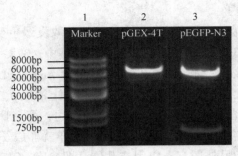

图 3-37　pEGFP-N3 和 pGEX-4T-1 双酶切（*Bam*H I／*Not* I）产物电泳图

转化大肠杆菌 DH5α 中，转化子通过菌落 PCR 法鉴定，1%琼脂糖凝胶电泳结果
如图 3-38 所示，从菌落 PCR 结果初步判定：

- 1 号、3 号、4 号、5 号样品对应的菌落为阳性重组克隆；
- M1 号、M2 号、M3 号、M4 号样品对应的菌落为阳性重组克隆。PCR 的
结果有时并不完全可靠，还需要用酶切的方式进一步验证。

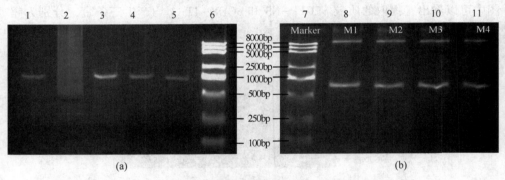

图 3-38　菌落 PCR 鉴定重组质粒电泳结果

（a）同学 I 菌落；（b）同学 II 菌落

4. 酶切鉴定重组质粒

针对上述菌落 PCR 鉴定为阳性克隆的菌，用 LB 液体培养基培养后，采用碱
裂解法提取质粒 DNA，并采用两种限制性核酸内切酶酶切，本实验中采用两种
双酶切鉴定的方法。鉴于 *Not* I 比较昂贵，因此本实验除用 *Bam*H I 和 *Not* I 双酶
切外，还探讨使用 *Bam*H I 和 *Pst* I 双酶切鉴定。

（1）用 *Bam*H I 和 *Not* I 双酶切鉴定

对菌落 PCR 初步鉴定为阳性克隆的菌落进一步通过酶切鉴定，采用与构建
重组体一致的两种限制性核酸内切酶一致的酶 *Bam*H I 和 *Not* I 双酶切鉴定的结
果如图 3-39 所示。泳道 1 为 DNA 分子质量标准；泳道 2 为未酶切样品；泳道 3、
泳道 4 为 *Bam*H I 和 *Not* I 双酶切样品，产生两条带：一是大小为 5kb 的载体

pGEX-4T-1；二是大小为 700bp 的目的基因 EGFP，进一步证明泳道 3、泳道 4 中的样品为重组体，可用于后续的实验。

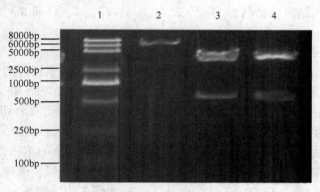

图 3-39　*Bam*H I 和 *Not* I 双酶切鉴定重组质粒电泳图

（2）用 *Bam*H I 和 *Pst* I 双酶切鉴定

对菌落 PCR 初步鉴定为阳性克隆的菌落进一步通过酶切鉴定，采用与构建重组体不一致的两种限制性核酸内切酶一致的酶 *Bam*H I 和 *Pst* I 双酶切鉴定的结果如图 3-40 所示。泳道 1~泳道 8 表示酶切样品编号，泳道 9 为 control 表示酶切 pGEX-4T-1 空质粒作对照，泳道 10 为 Marker 为 DNA 分子标准。

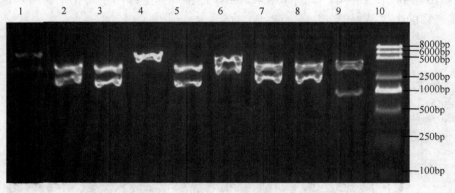

图 3-40　*Bam*H I 和 *Pst* I 双酶切鉴定重组质粒电泳图

用 *Bam*H I 和 *Pst* I 双酶切时，最好以酶切空质粒 pGEX-4T-1 作对照。因为不管是不是重组质粒，都可以切出条带，只是重组质粒切出的条带更大一些，约为 1700bp；而非重组质粒或空质粒只能切出一条约 1000bp 的条带。但我们不能仅凭 Marker 判断切出的条带是否为 1700bp，切一个空质粒作对照，可以更加肯定样品是否是重组质粒。

由于用了厚梳子制胶，上样孔较大，而上样量又较少，所以电泳跑出的条带不是很整齐。第 6 泳道的样品不知为什么条带没有跑开，也许是电泳时电场不均匀，或是荧光染料对电泳有影响。将前 8 个泳道切出的条带与第 9 泳道的对照作对比，可以得出结论：样品 2、样品 3、样品 5、样品 7、样品 8 对应的质粒为阳性重组质粒。

5. 综合图谱

总结本次综合设计性的实验结果，将其中几个关键步骤所得的结果统一进行 1.5%琼脂糖凝胶电泳（见图 3-41）。泳道 1 为提取的 pEGFP-N3 质粒，产生两条明显的条带；泳道 2 为 pEGFP-N3 质粒 *Bam*H I 和 *Not* I 双酶切结果，在 4kb 和 700bp 处产生两条带，分别为载体和 EGFP；泳道 3 为提取的 pGEX-4T-1 质粒，产生两条明显的条带；泳道 4 为 pGEX-4T-1 质粒 *Bam*H I 和 *Not* I 双酶切结果在 5kb 处产生的一条带，为线状载体；泳道 5 为 Marker III；泳道 6 为阳性重组质粒菌液 PCR 结果，在 700bp 处产生一条带；泳道 7 为重组质粒 pGEX-4T-1-EGFP，由于上样深度偏高，只看到一条非常明亮的条带；泳道 8 为重组质粒 pGEX-4T-1-EGFP 经 *Bam*H I 和 *Not* I 双酶切的结果，产生两条带：一条大小为 5kb 的载体 pGEX-4T-1；另一条大小为 700bp 的目的基因 EGFP；泳道 9 为重组质粒 pGEX-4T-1-EGFP 经 *Bam*H I 和 *Pst* I 双酶切结果，产生两条带，大小分别为 4kb 和 1700bp；泳道 10 为 pGEX-4T-1 空质粒 *Bam*H I 和 *Pst* I 双酶切结果，只产生大小为 5kb 的线状载体；泳道 11 为切胶回收 EGFP 基因片断结果；泳道 12 为切胶回收 pGEX-4T-1 载体结果。由于连接产物全部用于转化了，所以没有连接产物的电泳结果。

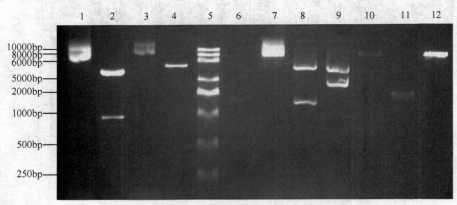

图 3-41   实验全过程综合图谱

6. 重组质粒转化 BL21 结果

将重组质粒转化入大肠杆菌 BL21（DE3）中，利用凝胶成像仪观察转化平板经 IPTG 诱导和无 IPTG 诱导在荧光激发下的结果如图 3-42 所示。由此可见经 IPTG 诱导后的菌落呈现比非诱导的菌落明亮的斑点。

图 3-42　重组质粒转化 BL21（DE3）结果

转化后的平板和经过 IPTG 不同诱导时间处理的菌体置于 400nm 长紫外波长下的观察结果如图 3-43（a）所示。从图中可以看出，转化后的平板发出明亮的绿色荧光。转化后收集的菌体经 IPTG 分别诱导 1h、2h、4h 后置于 400nm 的长紫外光下检测重组质粒的表达情况如图 3-43（b）所示。图中各转化后的产物由左向右诱导时间逐渐增长，可以看出，IPTG 诱导 2h 和 4h 的 EP 管中的菌体发出的绿色荧光最明亮，表明 EGFP 在此条件下诱导表达量高。

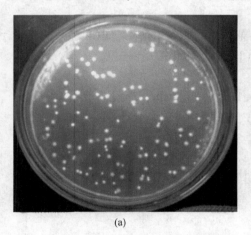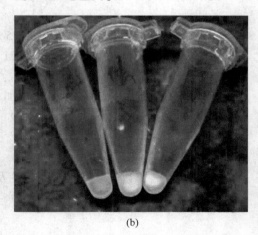

(a)　　　　　　　　　　　　　　　　(b)

图 3-43　重组质粒转化 BL21（DE3）结果

【实验改进建议】

使用双酶切检测，不使用昂贵的 *Not* I，采用 *Bam*H I 和 *Pst* I 就行。因为鉴定是不必像构建重组载体时一样考虑移码突变的问题。

【分析思考】

- pGEX-4T-1 表达载体上载体有什么重要特性？
- 克隆和表达 GSTs（谷胱甘肽转硫酶）有何应用价值？
- 怎样分析 GFP-GST 融合蛋白的正确性？

【时间安排】

第一天：

- 报告实验设计思想、文献查询、实验操作及预期实验结果等。
- 准备材料试剂。
- 培养含有 pEGFP-N3 和 pGEX-4T-1 的大肠杆菌（5mL），用于质粒提取；培养含有大肠杆菌 DH5α、大肠杆菌 BL21（DE3）用于感受态制备。

第二天：

- 提质粒 pEGFP-N3 和 pGEX-4T-1。
- 利用酶切实验或者 PCR 方法获得目的基因片段，凝胶回收，并与 pGEX-4T-1 连接。
- 制作大肠杆菌 DH5α 感受态细胞，并完成转化至大肠杆菌 DH5α。

第三天：

挑取转化子，培养，次日保存转化子的菌液。

第四天：

- 转化子鉴定（提取大肠杆菌 DH5α 菌株中的质粒，酶切，PCR 鉴定）。
- 对正确的质粒转化大肠杆菌 BL21（DE3），转化菌培养过夜。

第五天：

- 大肠杆菌 BL21（DE3）转化菌加入 IPTG，分别 0h、2h、4h 诱导。
- 收菌，裂解。

第六天：

- 结果处理。
- 总结报告，讲述实验结果，讨论及其实验改进的设想及其方法。

实验十一　中国鲎鲎素–抗菌肽串联基因杆状病毒
表达载体构建

【实验目的】

通过鲎鲎素–抗菌肽串联基因杆状病毒表达载体构建，加强本科生对抗菌肽的定义及功能，杆状病毒载体及其构建步骤、技术的理解。为生物制药专业学生理解当前杆状病毒工业化制备病毒粒子的基本原理及生产过程奠定基础。

【实验原理】

抗菌肽（AMPs）广泛存在于动物免疫细胞、中空黏膜和皮肤中，是一类拥有抵抗外部微生物对宿主的攻击并消灭体内突变细胞的小类分子肽。抗菌肽通常由 12~60 个氨基酸残基组成，分子质量 3000~6000。到目前为止，科学家们已从细菌、真菌、植物和动物中发现并分离出 2000 多种抗菌多肽，每一种抗菌肽在人们的生活中都起到了非常广泛的作用。

中国鲎是地球上最古老的物种之一，被称为"活化石"。由于缺乏获得性免疫，其血液中的血蓝蛋白及鲎素等成分为其几亿年的延续做出了重要贡献。本实验将通过密码子优化技术获得昆虫表达的鲎素、抗菌肽等基因串联序列，经基因合成导入 pFast–Bac1 载体中；经双酶切及测序验证后获得 pFast–AMPs 阳性质粒，为后续开展鲎素–抗菌肽蛋白的表达奠定基础，实验设计思路如图 3–44 所示。

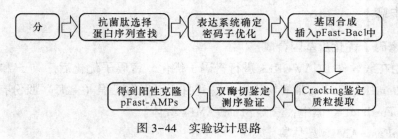

图 3–44　实验设计思路

实验过程原理需要学生课外查找以下知识点：
- 物种密码子使用偏好性。
- 抗菌肽的抗菌原理及种类。
- 杆状病毒表达的优势及应用。

【主要仪器、试剂与材料】

1. 实验仪器及耗材

微量移液器（0.1～2.5μL、0.5～10μL、2～20μL、20～200μL、200～1000μL）各一支、台式高速离心机、紫外分光光度计、Gel Doc2000成像系统、电泳仪、电子天平、恒温水浴锅、制冰机、超净工作台、恒温摇床、冰箱（-20℃，4℃）、PCR仪、NANODROP2000等。

Eppendorf管、枪头、PCR专用管等。

2. 实验材料

大肠杆菌DH5α菌株。

3. 主要试剂

（1）抗生素、LB培养基等

氨苄青霉素钠储存液、细菌培养基。

（2）DNA琼脂糖凝胶电泳相关溶液及试剂

● 50×TAE电泳缓冲液储存液（pH值为8.5）。

● 1%琼脂糖凝胶：用1×TAE电泳缓冲液溶解琼脂糖。

● 核酸染料：GoldView。

● 精准定量分子质量标准Supercoiled DNA Ladder Marker和DL10000 DNA marker（*TaKaRa*）。

（3）酶切试剂

● *Bam*HⅠ核酸内切酶（*TaKaRa*）；*Hind*Ⅲ核酸内切酶（*TaKaRa*）；pFast-Bac1质粒；天根质粒提取试剂盒；Marker：1kb DNA Marker。

【实验步骤】

1. 密码子优化及基因合成

应用在线软件DNAWORKs进行密码子优化。密码子优化后序列5′和3′端分别加上*Bam*HⅠ和*Hind*Ⅲ酶切位点，序列由生工生物工程（上海）股份有限公司合成入pFastBac1载体中，获得pFast-AMPs载体。

2. pFast-AMPs载体鉴定

通过酶切及测序验证，最终获得杆状病毒表达载体pFast-AMPs。具体步骤如下：

（1）重组质粒的酶切

酶切反应体系见表3-28。

表 3-28 酶切反应体系

反 应 物	量
pFast-AMPs	1μg
*Hind*Ⅲ	0.3μL
*Bam*HⅠ	0.3μL
10×K Buffer	1μL
ddH$_2$O	补至 10μL

37℃静置 1h。

（2）1%琼脂糖凝胶电泳鉴定酶切产物

双酶切结束后，进行 1%的水平凝胶成像实验。

• 1%琼脂糖凝胶板的制备：称取 0.3g 琼脂糖，置于三角瓶中，加入 30mL 1×TAE 缓冲液，将该三角瓶置于微波炉加热至琼脂糖完全溶解，待温度降至 65℃时加入 3μL 荧光染料至胶中，混匀后将胶倒入有机玻璃内槽中，待胶变乳白色后即制成 1%琼脂糖凝胶板。

• 将胶板放入电泳槽中，在电泳槽内倒入 1×TAE 缓冲液使其没过胶板。

• 取 10μL 的酶切产物加入 5μL 10×Loading Buffer，混匀，上样，120V 电压进行电泳。

• 电泳至胶板底部 1~2cm 处或 2/3 处，停止电泳。

• 电泳结束后，取出胶板进行紫外凝胶成像系统成像分析，鉴定双酶切产物是否存在以及大小是否与预期相符。

【实验结果】

1. 密码子优化

将需要杆状病毒表达的抗菌肽蛋白反向翻译为 DNA 序列，并进行密码子优化及评估，最后将优化后的 DNA 序列翻译为蛋白质，并与设计的抗菌肽串联体比对，确保正确。结果表明，密码子优化了抗菌肽串联体，密码子适合指数为 0.96，高于 0.8。

>抗菌肽串联体

*Bam*HⅠ+gccacc+信号肽 38aa+FFGWLIRGAIHAGKAIHGLIHRRRHggggsggggsFFGWLIKPAIHA GK AIHGLIHRRRHggggsggggsFFGWLIKGAIHAPKAIHGLIHRRRHggggsggggsKWCFRVCYRGACYRRCR KWCFRVCYRGACYRRCRggggsggggsAANFGPSVFTPEVHETWQKFLNVVVAALGKQYHggggsggggsY ETLIASVLGKLTGLWHNNSVDFMGHTCHFRRRPKVRKFKLYHEGKFWCPGWAPFEGRSRTKSRSGSS REAIKDFVRKALQNGLITQQDATVWVN+HHHHHH+终止密码子+*Hind*Ⅲ

>密码子优化后 DNA 序列

GGATCCGCCACCATGCTGCTGGTCAACCAGTCCCACCAGGGCTTCAACAAGGAACACACTAGCAAG
ATGGTCTCCGCCATCGTCCTGTACGTCCTGCTGGCTGCTGCCGCTCACTCCGCTTTCGCCTTCTTCGG
TTGGCTGATCCGCGGTGCCATCCACGCCGGCAAGGCTATCCACGGCCTGATCCACCGCCGTCGCCAC
GGTGGTGGTGGTTCCGGTGGTGGTGGCTCCTTCTTCGGTTGGCTCATCAAGCCTGCTATCCACGCTGG
TAAAGCTATCCACGGTCTGATCCACCGTCGCCGCCACGGTGGCGGTGGTTCTGGTGGAGGTGGTTCC
TTCTTCGGCTGGCTGATCAAGGGTGCCATCCATGCCCCCAAGGCTATCCATGGTCTGATCCATCGTCG
TCGCCACGGAGGTGGTGGTTCTGGAGGTGGTGGCTCTAAGTGGTGCTTCCGCGTGTGCTACCGCGGT
GCTTGCTACCGTCGTTGCCGTAAGTGGTGCTTTCGTGTGTGCTACCGTGGCGCTTGCTACCGCCGCTG
CCGCGGTGGTGGAGGTAGCGGTGGTGGTGGAAGCGCTGCCAACTTCGGCCCCTCCGTCTTCACCCCC
GAAGTGCACGAGACTTGGCAGAAGTTCCTGAACGTCGTGGTGGCCGCTCTGGGTAAACAGTACCAC
GGCGGTGGTGGCTCAGGTGGTGGTGGTAGCTACGAAACCCTGATCGCTTCCGTGCTGGGCAAGCTG
ACCGGTCTGTGGCACAACAACAGCGTCGACTTCATGGGTCACACCTGCCACTTCCGTCGTCGTCCTA
AGGTGCGTAAGTTCAAGCTGTACCACGAGGGTAAATTCTGGTGCCCCGGCTGGGCCCCCTTCGAAGG
ACGTAGCCGTACTAAGTCCCGTAGCGGCAGCTCCCGAAGCTATCAAGGACTTCGTGCGCAAGGCT
CTGCAGAACGGCCTGATCACCCAGCAGGACGCTACCGTCTGGGTGAACCACCACCACCACCATCACT
AAAAGCTT

　　表达宿主：草地贪夜蛾（昆虫/SF9）；基因密码子使用表：标准；序列长度：996
　　>密码子优化后氨基酸序列

GSATMLLVNQSHQGFNKEHTSKMVSAIVLYVLLAAAAHSAFAFFGWLIRGAIHAGKAIHGLIHRRRHG
GGGSGGGGSFFGWLIKPAIHAGKAIHGLIHRRRHGGGSGGGGSFFGWLIKGAIHAPKAIHGLIHRRR
HGGGSGGGGSKWCFRVCYRGACYRRCRKWCFRVCYRGACYRRCRGGGGSGGGGSAANFGPSVFT
PEVHETWQKFLNVVVAALGKQYHGGGSGGGGSYETLIASVLGKLTGLWHNNSVDFMGHTCHFRRR
PKVRKFKLYHEGKFWCPGWAPFEGRSRTKSRSGSSREAIKDFVRKALQNGLITQQDATVWVNHHHHHH

　　　　杆状病毒表达 DNA 序列优化后的 CAI 和杆状病毒表达优化前后氨基酸序列
比对分别如图 3-45 和图 3-46 所示。

2. 杆状病毒表达载体构建

　　　　抗菌肽串联体经密码子优化后，基因合成并直接合成入杆状病毒表达载体
pFast-Bac1 中，挑取克隆子，经 *Bam*H Ⅰ和 *Hind* Ⅲ 双酶切验证，结果如图 3-47
所示，可见在 4775bp 及 1014bp 分别产生两条目标带，分别是载体及串联基因。
进一步通过序列测定，测序结果如图 3-48 所示，验证正确后，保存于-20℃
备用。

【分析思考】

- 哪些常见的昆虫体内含有的抗菌肽较多呢？
- 为什么选择杆状病毒表达系统而不选用原核表达系统表达抗菌肽呢？

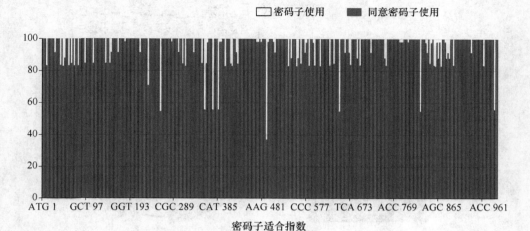

图 3-45　杆状病毒表达 DNA 序列优化后的密码子适合指数

```
          **************************
AntiFor   --------------------------------------------FFGWLIRGAIHAGKAIHGLIHRRRHGGG          28
AntiAft   GSATMLLVNQSHQGFNKEHTSKMVSAIVLYVLLAAAAHSAFAFFGWLIRGAIHAGKAIHGLIHRRRHGGG          70
  ruler   1.......10........20........30........40........50........60.......70

          *************************************************************
AntiFor   GSGGGGGSFFGWLIKPAIHAGKAIHGLIHRRRHGGGGSGGGGSFFGWLIKGAIHAPKAIHGLIHRRRHGGG          98
AntiAft   GSGGGGGSFFGWLIKPAIHAGKAIHGLIHRRRHGGGGSGGGGSFFGWLIKGAIHAPKAIHGLIHRRRHGGG          140
  ruler   ........80........90.......100.......110.......120.......130.......140

          ************************************************************
AntiFor   GSGGGGGSKWCFRVCYRGACYRRCRKWCFRVCYRGACYRRCRGGGGSGGGGSAANFGPSVFTPEVHETWQK          168
AntiAft   GSGGGGGSKWCFRVCYRGACYRRCRKWCFRVCYRGACYRRCRGGGGSGGGGSAANFGPSVFTPEVHRTWQK          210
  ruler   .......150.......160.......170.......180.......190.......200.......210

          **********************************************************
AntiFor   FLNVVVAALGKQYHGGGGSGGGGSYETLIASVLGKLTGLWHNNSVDFMGHTCHFRRRPKVRKFKLYHEGK          238
AntiAft   FLNVVVAALGKQYHGGGGSGGGGSYETLIASVLGKLTGLWHNNSVDFMGHTCHFRRRPKVRKFKLYHEGK          280
  ruler   .......220.......230.......240.......250.......260.......270.......280

          ***********************************************
AntiFor   FWCPGWAPFEGRSRTKSRSGSSREAIKDFVRKALQNGLITQQDATVWVN------          287
AntiAft   FWCPGWAPFEGRSRTKSRSGSSREAIKDFVRKALQNGLITQQDATVWVNHHHHHH          335
  ruler   .......290.......300.......310.......320.......330.....
```

图 3-46　杆状病毒表达优化前后氨基酸序列比对

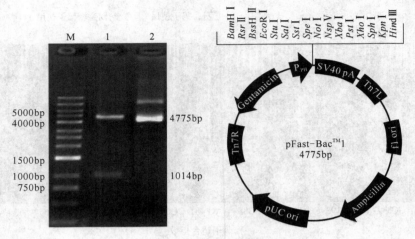

图 3-47　pFast-AMPs 载体酶切鉴定

M—marker；1—*Bam*H Ⅰ 和 *Hind*Ⅲ 酶切 pFast-AMPs 载体；2—pFast-AMPs 质粒

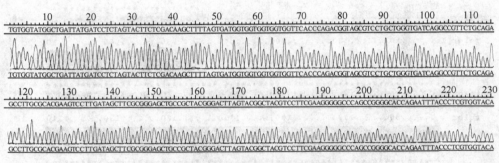

图 3-48　pFast-AMPs 载体测序验证

【时间安排】

第一天：

● 开题报告，讲述资料查询情况、设计思路及其实验方法和时间安排；

● 清点仪器及试剂，准备 LB 培养基，配制各种溶液和缓冲液，灭菌吸头，灭菌 EP 管及 PCR 管等；

● 活化含质粒 pFast-AMPs 的菌株（5mL），用于质粒提取。

第二天：

提取质粒 pFast-AMPs，双酶切及测序。

第三天：

● 数据处理；

● 总结报告，展示实验结果，分析实过程中问题及其实验改进意见。

实验十二　香港牡蛎 *Fox*l2 蛋白的原核表达及其鉴定

【实验目的】

通过本次水产动物香港牡蛎 *Fox*l2 蛋白的原核表达及鉴定，加强学生对原核表达的原理、步骤及技术的理解。为本科生理解当前大肠杆菌工业化制备药用蛋白的基本原理及生产过程奠定基础。

【实验原理】

香港牡蛎是我国南方代表性养殖贝类品种。研究表明，*Fox*l2 基因在动物性别决定中发挥着关键作用。无论是 *Fox*l2 基因敲除小鼠或罗非鱼等的雄性化，或是 *Fox*l2 特异性过量表达的小鼠雄性胎儿雌性化现象，都表明 *Fox*l2 基因对于雌性动物卵巢发育及维持的重要性。原核表达香港牡蛎 *Fox*l2 基因，可对今后通过 *Fox*l2 蛋白的添加实现香港牡蛎的性别控制奠定工作基础。

首先将通过密码子优化技术获得原核表达的 *Fox*l2 基因序列，经基因合成入 pUC57 载体中获得 pUC57-*Fox*l2 载体；pUC57-*Fox*l2 与 pET-32α 通过 *Bam*H Ⅰ 和 *Hind* Ⅲ 双酶切后进行 1% 凝胶电泳并切胶回收纯化，应用 T₄ DNA 连接酶获得连接产物，由连接产物转化大肠杆菌 DH5α，然后用碱变性法提取大肠杆菌 DH5α 菌株中的 pET-32α-*Fox*l2 质粒，经 *Bam*H Ⅰ 和 *Hind* Ⅲ 酶切鉴定及序列测定后，证实成功获得 pET-32α-*Fox*l2 阳性质粒；之后用 pET-32α-*Fox*l2 阳性质粒转化 BL21 感受态细胞，挑取单菌落培养并当 OD_{400nm} 达到 0.6~1.0 时，加入 IPTG 进行诱导培养，收集培养产物进行 SDS-PAGE 鉴定，实验整体设计思想如图 3-49 所示。

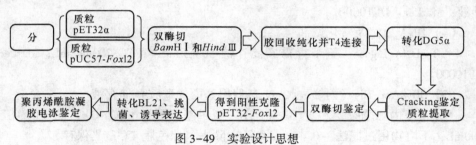

图 3-49　实验设计思想

实验过程原理需要学生课外查找以下知识点：

- 物种密码子使用偏好性；
- 大肠杆菌蛋白翻译过程；
- 蛋白印迹抗体-抗原识别。

【主要仪器、试剂与材料】

1. 实验仪器及耗材

微量移液器（0.1 ~ 2.5μL、0.5 ~ 10μL、2 ~ 20μL、20 ~ 200μL、200 ~ 1000μL）各一支、台式高速离心机、Biologic LP 层析系统、紫外分光光度计、Mini ProteanⅡ垂直平板电泳系统、Gel Doc2000 凝胶成像系统、电泳仪、基因扩增仪、电子天平、恒温水浴锅、制冰机、超声波细胞粉碎机、超净工作台、恒温摇床、冰箱（-20℃、4℃），NanoDrop2000 等；

PCR 管、枪头等耗材。

2. 实验材料

大肠杆菌 DH5α 菌株和 BL21 菌种、pET-32α 质粒。

3. 主要试剂

（1）抗生素

氨苄青霉素钠储存液、IPTG（100mmol/L，0.2383g IPTG 溶于 10mL 蒸馏水）。

（2）DNA 琼脂糖凝胶电泳相关溶液及试剂

● 50×TAE 电泳缓冲液储存液（pH 值为 8.5）。

● 1%琼脂糖凝胶：用 1×TAE 电泳缓冲液溶解琼脂糖。

● 核酸染料：GoldView。

● 精准定量分子质量标准 Supercoiled DNA Ladder Marker 和 DL10000 DNA marker（TaKaRa）。

（3）酶切试剂

● *Bam*HⅠ核酸内切酶（TaKaRa）；*Hind*Ⅲ核酸内切酶（TaKaRa）；酶解缓冲液；Marker：DL10000。

（4）DNA 重组及转化试剂

● T_4 DNA Ligase；氨苄青霉素储存液 50mg/mL；IPTG 200mg/mL；Marker：DL10000。

（5）30%Acr-Bis（丙烯酰胺-N,N 双甲基丙烯酰胺）储存液

● Acr（丙烯酰胺）29g；Bis（N,N-亚甲基双丙烯酰胺）1g；加 ddH_2O 至 100mL，不溶物用过滤法（0.45μm 孔径）除去，棕色瓶 4℃避光保存。

注：操作时请戴上手套！

（6）1.5mol/L Tris-HCl（pH 值为 8.8）：分离胶缓冲液

23.646g Tris-HCl 溶于 100mL 去离子水，用 NaOH 调节 pH 值。

（7）0.5mol/L Tris-HCl（pH 值为 6.8）：浓缩胶缓冲液

7.882g Tris-HCl 溶于 100mL 去离子水，用 NaOH 调节 pH 值。

（8）10% SDS（十二烷基磺酸钠）

SDS 5g，68℃加热条件下溶于一定量蒸馏水，用浓 HCl 调溶液 pH 值至 7.2（可以不用调 pH 值），再加蒸馏水至 50mL，分装，室温保存。

（9）10% AP（ammonium perammonium，过硫酸铵）

AP 0.1g 加 ddH$_2$O 至 1mL，−20℃分装保存。

（10）2×上样缓冲液

2×上样缓冲液组成见表 3−29。

表 3−29 2×上样缓冲液组成

组　分	量
1mol/L Tris-HCl　pH=6.8	10mL
SDS	4g
溴酚蓝	0.2g
甘油	20mL
DTT	3.085g

定容至 100mL，−20℃分装储存。

（11）考马斯亮蓝染色液

考马斯亮蓝染色液组成见表 3−30。

表 3−30 考马斯亮蓝染色液组成

组　分	量
考马斯亮蓝 R-250	0.25g
蒸馏水	45mL
甲醇	45mL
冰乙酸	10mL

定容至 100mL，用 Whatman 1 号滤纸过染液以除去颗粒状物质，室温保存；可回收重复使用。

（12）脱色液

脱色液组成见表 3−31。

表 3−31 脱色液组成

组　分	量/mL
甲醇	45
冰乙酸	10
蒸馏水	45

总体积 100mL，室温保存。

（13）细菌裂解缓冲液（pH 值为 8.0）

细菌裂解缓冲液（pH 值为 8.0）组成见表 3-32。

表 3-32　细菌裂解缓冲液（pH 值为 8.0）组成

组　分	浓度
Tris-HCl	50mmol/L
NaCl	500mmol/L
PMSF	0.1mmol/L
溶菌酶	1mg/mL
EDTA	5mmol/L

注：现用现配。

【操作步骤】

1. 密码子优化及基因合成

应用在线软件 DNAWORKs 进行密码子优化。密码子优化后序列 5′和 3′端分别加上 *Hind* Ⅲ 和 *Bam*H Ⅰ 酶切位点，序列由生工生物工程（上海）股份有限公司合成入 pUC57 载体中，获得 pUC57-*Fox*l2 载体。

2. 原核表达载体 pET-32α-*Fox*l2 构建

通过酶切 pUC57-*Fox*l2 和 pET-32α 载体，1%电泳并切胶回收后，应用 T₄ DNA 连接酶进行连接，连接产物经转化、涂板、挑菌、提质粒和鉴定，最终获得原核表达载体 pET-32α-*Fox*l2。具体步骤如下：

（1）重组质粒及质粒载体的酶切

酶切反应体系见表 3-33。

表 3-33　酶切反应体系

反　应　物	量
pUC57-*Fox*l2 或 pET-32α	3μg
Hind Ⅲ	3μL
*Bam*H Ⅰ	3μL
10×K Buffer	5μL
ddH₂O	补至 50μL

37℃静置 3h。

（2）1%琼脂糖凝胶成像电泳鉴定酶切产物

双酶切结束后，进行 1%琼脂糖凝胶成像电泳，并将目的条带切胶回收。

- 1%琼脂糖凝胶板的制备：称取 0.3g 琼脂糖，置于三角瓶中，加入 30mL 1×TAE 缓冲液，将该三角瓶置于微波炉加热至琼脂糖完全溶解，待温度降至 65℃时加入 3μL 荧光染料至胶中，混匀后将胶倒入有机玻璃内槽中，待胶变乳白色后即制成 1%琼脂糖凝胶板。
- 将胶板放入电泳槽中，在电泳槽内倒入 1×TAE 缓冲液使其没过胶板。
- 取 50μL 的酶切产物加入 5μL 10×Loading Buffer 混匀，上样，120V 电压进行电泳。
- 电泳至胶板底部 1~2cm 处或 2/3 处，停止电泳。
- 电泳结束后，取出胶板进行紫外凝胶成像系统成像分析，鉴定双酶切产物是否存在以及大小是否与预期相符。

（3）凝胶回收酶切产物

凝胶回收严格按照天根公司胶回收试剂盒说明书进行。

- 在紫外线灯下，将符合预期大小的条带用刀片小心地切割下来并放入一个干净的 1.5mL EP 管中，然后用普通琼脂糖凝胶回收试剂盒进行回收。
- 向管内加入 3 倍胶体积的溶液 PN，50℃水浴 10min，其间不断温和翻转溶解，溶解后室温放置 10min 使液体温度降至室温。
- 将上一步所得溶液加入吸附柱中，7500r/min 离心 1min，离心两次。
- 向吸附柱中加入 600μL 漂洗液 PW，6000r/min 离心 1min，重复一次该步骤。
- 弃掉收集管中液体，12000r/min 离心 3min。
- 将吸附柱放到一个干净的 EP 管中，悬空滴加适当洗脱液，12000r/min 离心 2min 并测定 DNA 浓度。

（4）DNA 连接反应

凝胶回收后，通过 T_4 DNA 连接酶进行连接，连接体系见表 3-34。

表 3-34　连接反应体系

反 应 物	量
Foxl2	15ng
pET-32α	15ng
T_4 DNA Ligase	1μL
10×Buffer	1μL
ddH$_2$O	补至 10μL

16℃静置 8h。

（5）转化至大肠杆菌 DH5α 细胞

取 5~10μL 上述连接产物转化大肠杆菌 DH5α 感受态细胞，转化步骤如下：

- 从 -80℃ 中取一支感受态细胞放在冰上 5min，然后加入 5μL 连接产物，冰上放置 30min；
- 42℃ 水浴热激 1min，迅速放在冰上 2min；
- 加入 200μL 复苏液，放置在摇床中 180r/min，40min；
- 取 200μL 复苏后菌液均匀涂于含 Amp 抗生素的固体培养基上，恒温箱中 37℃ 倒置培养 12h。

（6）挑取单克隆细菌

挑取单克隆细菌到 3mL LB 液体培养基中，放置在摇床中 180r/min，12~16h。

（7）质粒 DNA 提取

严格按照 TianGen 质粒提取试剂盒进行质粒提取，方法简要如下：

- 收集约 3mL 菌液，12000r/min 离心 2mim，弃上清液；
- 加入 250μL P1 溶液，枪头抽打或涡旋振荡器重悬菌体；
- 加入 250μL P2 溶液，温和翻转离心管数次，使菌体充分混匀裂解；
- 加入 350μL P3 溶液，立即温和翻转离心管数次，12000r/min 离心 10min；
- 将上清液移至吸附柱中，12000r/min 离心 30s；
- 弃收集管中废液，加 600μL PW 漂洗液，12000r/min 离心 30s，弃废液。重复 1 次；
- 12000r/min 空离 3min，将吸附柱开盖置于一干净的 1.5mL EP 管中，超净台内室温晾干残余漂洗液；
- 向吸附膜中央加入 50μL ddH$_2$O，12000r/min 离心 2min，收集质粒并进行 1.0% 琼脂糖凝胶电泳检测，质粒送至生工生物工程（上海）股份有限公司进行序列测定，阳性质粒命名为 pET-32α-Foxl2，-20℃ 保存备用。

3. 原核诱导表达

载体 pET-32α-Foxl2 转化 BL21，挑菌并过夜培养。第 2 天按照 1∶50 的比例接种到 3mL 的 LB 培养中，摇床培养 3h 左右至细菌 OD 达到 0.6~1.0 时，加入 3μL 的 IPTG（储存浓度为 0.5mol/L），并在 37℃ 摇床以 200r/min 的转速培养 3h。

- 载体 pET-32α-Foxl2 转化 BL21，挑菌并过夜培养。
- IPTG 诱导表达。按照 1∶50 的比例接种到 3mL 的 LB 培养中，摇床培养 3h 左右至细菌 OD 达到 0.6~1.0 时（紫外分光光度计测定），加入 3μL 的 IPTG（储存浓度为 0.5mol/L），并在 37℃ 摇床以 200r/min 的转速培养 3h。

4. 诱导蛋白 SDS-PAGE 鉴定

以 6000r/min 离心 2min，收集 3mL 的未诱导、IPTG 诱导的菌液，弃上清液后，加入 50μL 去离子水和 50μL 的 2×SDS-PAGE Loading Buffer，涡旋振荡器混匀，100℃ 开盖加热 10min，12000r/min 离心 3min，取上清液 30~40μL 进行 12% SDS-PAGE 检测分析。

【实验结果】

1. 密码子优化前后 *Foxl2* 序列对比

>香港牡蛎 *Foxl2* 原始 CDS 序列

```
ATGTCGGAGAACAAAAACGAAAATGTGTCCAATACAGTATCCGATGAAAACTTTTATGACTTTAAA
ATGCGATTAATGCGACCGTCTTCAAAGTTTTTGGAATCTGGATTTAGTGAAAGTAGTTTTGAAAACA
AGATATGGAAGCACTCTTTTTTGTCTAGCGAATTTTCTTCTAATTGTAAATATGGATCAAAAGTTTCG
TTTGGAATTGCAGCAAGACTCGAGAATCCTTCAAACAGCAAAACTGTGGAAAACAAAGAAGAAGAA
TTTGTGGAGACGAAGAAAATCAAATCGGAAAAATTGGAAGAAAAATCGAAGTCCACTGCAGGAAA
TGTGAAAATTGAAAATGAGAACAAATATACAGATCCTGATCAGAAACCTCCTTTTTCTTACGTAGCT
TTGATCGCCATGGCGATCAAAGAATCGAGTGAAAAACGCCTTACGCTTAGTGGAATTTACCAATTTA
TTATCAACAAGTTTCCATATTACGAAAAAAATAAGAAAGGTTGGCAGAACAGTATTCGCCACAATTT
GAGCTTAAATGAATGCTTTGTAAAAGTTCCTCGTGAAGGTGGAGGGGAGAGAAAGGGGAATTTCTG
GACCCTGGACCCGGCATTCGAGGACATGTTTGAGAAAGGAAATTATCGCCGTCGCCGTAGAATGAG
GCGCCCATACCGGGCGTCCCTTTCTCTGCCCAAGCCTTTGTTTGCCCCTGACAGCCACTGTGGACCAT
ACAATCAGTTCTCCCTGTCCAAACCGTATTTCTCTCCCCGCCTTATTCTCAGTATTCTCAATATCAGG
GATGGGCACAAGCTTTGGCACACAATTCGTCTCAAGCAGGGATGGCCAGTGCTATGAACCAAATCG
GCAACTATAGTTCCTGCACCCAAGGTCGGGTCCCTCCACCGGGTGCCTCTCTCACACAGTGTGGTTA
CAACGCAATGCAGCAGGCCATGCAGATATCCCCACCCCATGCCCCGTCATACACCCAGCTTAACGAC
TATCCAGCGGTCCCTACCCCCGGGACGGGGTTCCCCTTCGCCTACAGACAACAGAGTGACACTCTGA
ATCACATGCATTACTCGTACTGGACTGACAGGTAA
```

>密码子优化后序列

```
ATGAGCGAGAATAAGAACGAAAATGTGAGCAACACCGTGAGCGATGAGAACTTCTATGATTTTAAG
ATGCGGCTGATGCGTCCAAGCTCGAAGTTTCTGGAGAGCGGCTTTAGCGAAAGCAGCTTTGAGAAC
AAAATATGGAAACATTCGTTTCTGAGCAGCGAATTTAGCAGCAACTGCAAGTATGGCAGCAAAGTA
AGCTTCGGCATTGCTGCGCGTCTGGAAAATCCTAGCAATAGCAAGACCGTGGAAAACAAAGAAGAG
GAATTTGTGGAAACCAAGAAAATCAAAAGCGAAAAACTGGAAGAAAAAAGCAAAAGCACCGCAGG
CAATGTGAAAATTGAAAATGAAAATAAGTACACCGATCCTGATCAAAAACCGCCGTTTAGCTATGT
GGCGCTGATTGCGATGGCGATAAAAGAGAGCAGTGAAAAACGTCTGACCCTGAGCGGCATTTATCA
GTTCATTATCAATAAGTTTCCGTATTATGAAAAAAAACAAGAAAGGCTGGCAGAATAGCATTCGTCAT
AATCTGTCGCTGAACGAGTGCTTTGTGAAAGTGCCACGTGAGGGCGGAGGTGAACGTAAAGGCAAT
TTTTGGACCTTAGACCCTGCGTTCGAAGATATGTTTGAAAAGGGCAATTATCGTCGCCGTCGTCGTAT
GCGTCGTCCTTATCGTGCGAGCCTGAGCCTGCCGAAACCGCTGTTTGCGCCGGACAGCCACTGTGGC
CCGTACAATCAGTTTAGCCTGTCTAAACGTATTTTAGCCCGCCACCGTATAGCCAATACTCACAGTA
TCAGGGGTGGGCGCAGGCGCTGGCGCATAATAGCAGCCAGGCGGGCATGGCGAGCGCGATGAATCA
AATTGGGAACTATTCTAGCTGCACCCAGGGCCGTGTCCCACCACCCGGTGCAAGCCTGACCCAGTGC
GGCTATAATGCGATGCAGCAAGCCATGCAGATTAGCCCACCTCATGCGCCTTCCTATACCCAGCTGA
ATGATTATCCGGCGGTGCCGACGCGCAGGCACCGGTTTTCCGTTTGCGTATCGTCAGCAGAGCGACAC
CCTGAATCATATGCATTATTCCTATTGGACCGATCGTTAA
```

密码子优化前后 CDS 序列比对效果如图 3-50 所示。

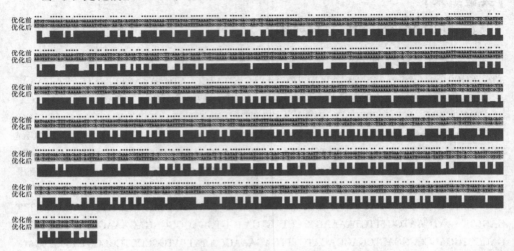

图 3-50　密码子优化前后 CDS 序列比对

　>香港牡蛎 *Fox*l2 原始氨基酸序列

MSENKNENVSNTVSDENFYDFKMRLMRPSSKFLESGFSESSFENKIWKHSFLSSEFSSNCKYGSKV
SFGIAARLENPSNSKTVENKEEEFVETKKIKSEKLEEKSKSTAGNVKIENENKYTDPDQKPPFSYVALIA
MAIKESSEKRLTLSGIYQFIINKFPYYEKNKKGWQNSIRHNLSLNECFVKVPREGGGERKGNFWTLDPA
FEDMFEKGNYRRRRMRRPYRASLSLPKPLFAPDSHCGPYNQFSLSKPYFSPPPYSQYSQYQGWAQA
LAHNSSQAGMASAMNQIGNYSSCTQGRVPPPGASLTQCGYNAMQQAMQISPPHAPSYTQLNDYPAVP
TPGTGFPFAYRQQSDTLNHMHYSYWTDR

　>密码子优化后氨基酸序列

MSENKNENVSNTVSDENFYDFKMRLMRPSSKFLESGFSESSFENKIWKHSFLSSEFSSNCKYGSKVSFG
IAARLENPSNSKTVENKEEEFVETKKIKSEKLEEKSKSTAGNVKIENENKYTDPDQKPPFSYVALIAMAMA
IKESSEKRLTLSGIYQFIINKFPYYEKNKKGWQNSIRHNLSLNECFVKVPREGGGERKGNFWTLDPAFE
DMFEKGNYRRRRMRRPYRASLSLPKPLFAPDSHCGPYNQFSLSKPYFSPPPYSQYSQYQGWAQALA
HNSSQAGMASAMNQIGNYSSCTQGRVPPPGASLTQCGYNAMQQAMQISPPHAPSYTQLNDYPAVPTP
GTGFPFAYRQQSDTLNHMHYSYWTDR

密码子优化前后氨基酸序列比对效果如图 3-51 所示。

2. pET-32α-*Fox*l2 原核表达载体的鉴定

经 *Hind*Ⅲ 和 *Bam*HⅠ 双酶切鉴定，1% 琼脂糖凝胶电泳结果如图 3-52 所示。
泳道 1 为 pET-32α-*Fox*l2 载体，在 6985bp 处产生一条带；泳道 2 为 *Hind*Ⅲ 和
*Bam*HⅠ 双酶切 pET-32α-*Fox*l2 载体，分别在 5881bp 和 1104bp 处产生两条
条带。

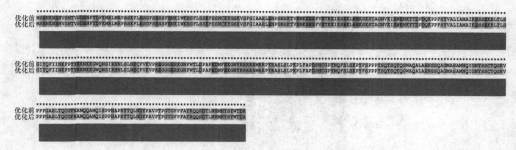

图 3-51 密码子优化前后 CDS 序列比对效果图

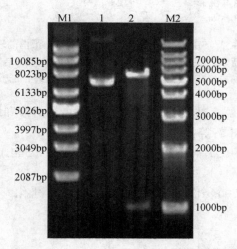

图 3-52 pET-32α-*Fox*l2 原核表达载体的琼脂糖凝胶电泳图

泳道 M1—Supercoiled DNA Ladder Marker；泳道 1—pET-32α-*Fox*l2（6985bp）；

泳道 2—*Hind*Ⅲ 和 *Bam*HⅠ 双酶切 pET-32α-*Fox*l2 载体；泳道 M2—DL10000 DNA marker

3. SDS-PAGE 鉴定香港牡蛎 *Fox*l2 蛋白的表达

SDS-PAGE 检测香港牡蛎 *Fox*l2 蛋白的表达情况如图 3-53 所示。经 IPTG 诱导表达后，获得香港牡蛎 *Fox*l2 融合表达蛋白，大小为 59.70kDa。

【分析思考】

- IPTG 的诱导终浓度为多少？
- 当表达的蛋白对大肠杆菌有毒时怎么办？

【时间安排】

第一天：

- 开题报告，讲述资料查询情况、设计思路及其实验方法和时间安排；

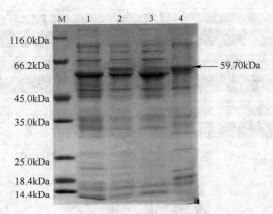

图 3-53　SDS-PAGE 检测香港牡蛎 *Fox*l2 蛋白的表达

泳道 M—蛋白质分子质量标准；泳道 1—未诱导；泳道 2—诱导后（59.70kDa）；

泳道 3—诱导破碎后上清（59.70kDa）；泳道 4—诱导破碎后沉淀（59.70kDa）

- 清点试剂及仪器。准备 LB 培养基，配制各种溶液和缓冲液。准备灭菌吸头，灭菌 EP 管及 PCR 管等；
- 活化含质粒 pUC57-*Fox*l2 和 pET-32α 的菌株（5mL），用于质粒提取。

第二天：

提取质粒 pUC57-*Fox*l2 和 pET-32α、酶切、纯化、连接和转化大肠杆菌 DH5α。

第三天：

挑取转化子，培养，保存菌种。

第四天：

转化子鉴定（提取大肠杆菌 pET-32α-*Fox*l2 菌株中的质粒，酶切及测序鉴定）。

第五天：

pET-32α-*Fox*l2 转化 BL21 感受态。

第六天：

挑取转化子，培养。

第七天：

- 当细菌 OD 值达到 0.6~0.7 时，加入 IPTG 进行蛋白表达诱导。进行 12% 的 SDS-PAGE 电泳鉴定；
- 数据处理；
- 总结报告，展示实验结果，分析实过程中问题及其实验改进意见。

提 高 篇

实验十三　利用 SDS-PAGE 电泳和蛋白质转移电泳（Western Blotting）鉴定重组蛋白

一般基因工程实验中鉴定表达产物的筛选方法最常用是使用 SDS-PAGE 电泳检测及 Western Blotting 检测。本实验利用 EGFP-PET-28a 重组基因得到克隆和表达产物，用 IPTG 诱导表达蛋白，通过 SDS-PAGE 电泳和 Western Blotting 杂交实验，验证了 T$_7$ 表达系统下 EGFP 蛋白的表达受到 IPTG 诱导，并且表达水平随诱导时间延长而上升。

【实验目的】

通过本实验掌握重组蛋白的基因表达及蛋白检测的实验设计思路，学会使用 SDS-PAGE 和 Western Blotting 等方法对表达产物进行分子量及特异性检验。

【实验原理】

1. SDS-PAGE 电泳

（1）电泳

聚丙烯酰胺凝胶电泳测定蛋白质分子质量的方法，主要是根据蛋白质组分的分子质量的大小和形状以及所带静电荷的多少等因素造成电泳迁移率的不同而进行分离鉴定的。如果在聚丙烯酰胺凝胶系统中加入一定量的十二烷基硫酸钠（SDS），此时的蛋白质就会与 SDS 结合形成带负电荷的复合物，分子的电泳迁移率主要取决于它的分子质量大小，而其他因素对电泳迁移率的影响几乎可以忽略不计。当蛋白质的分子质量在 150~200kDa 时，电泳迁移率与分子质量的对数呈直线关系：

$$\lg M_r = -b m_R + K$$

式中，M_r 为蛋白质的分子质量；m_R 为相对迁移率；b 为斜率；K 为截距。在一定的条件下，b 和 K 为常数。

若将已知分子质量的标准蛋白质的迁移率与分子质量的对数作图，可获得一条标准曲线。未知蛋白质在相同条件下进行电泳，根据它的电泳迁移率即可在标准曲线上求得分子质量。

SDS 作为一种阴离子去污剂，它在水溶液中以单体和分子团的混合形式存在。这种阴离子去污剂能破坏蛋白质分子之间及与其他物质分子之间的非共价键，使蛋白质变性而改变原有的空间构象。特别是在强还原剂的条件下，如在巯基乙醇存在的条件下，由于蛋白质分子内的二硫键还原剂被打开，不易再被氧化，这就保证了蛋白质分子与 SDS 分子充分结合，形成带负电荷的蛋白质-SDS复合物。这种复合物由于结合了大量的 SDS，使蛋白质丧失了原有的电荷状态，形成了仅保持原有分子大小为特征的负离子团块，从而降低或消除了各种蛋白质分子之间天然的电荷差异。

采用 SDS-聚丙烯酰胺凝胶电泳作为一种单向电泳技术，按照凝胶电泳系统中的缓冲液、pH 值和凝胶孔径的区别来分类，可分为 SDS-连续系统电泳和 SDS-不连续系统电泳。由于 SDS-不连续系统电泳具有较强的浓缩效应，因而它的分辨率比 SDS-连续系统电泳要高一些，所以更多人偏好采用不连续系统。

SDS-聚丙烯酰胺凝胶电泳，是在聚丙烯酰胺凝胶系统中引进 SDS（十二烷基硫酸钠），SDS 能断裂分子内和分子间氢键，破坏蛋白质的二级和三级结构，强还原剂能使半胱氨酸之间的二硫键断裂，蛋白质在一定浓度的含有强还原剂的SDS 溶液中，与 SDS 分子按比例结合，形成带负电荷的 SDS-蛋白质复合物，这种复合物由于结合了大量的 SDS，使蛋白质丧失了原有的电荷状态形成仅保持原有分子大小为特征的负离子团块，从而降低或消除了各种蛋白质分子之间天然的电荷差异。由于 SDS 与蛋白质的结合是按质量成比例的，因此在进行电泳时，蛋白质分子的迁移速度取决于分子大小。当分子质量在 $15\sim200\mathrm{kDa}$ 之间时，蛋白质的迁移率和分子量的对数呈线性关系，符合下式：

$$\lg M_W = K - bX$$

式中，M_W 为分子质量；X 为迁移率；K、b 均为常数。

若将已知分子质量的标准蛋白质的迁移率对分子质量对数作图，可获得一条标准曲线，未知蛋白质在相同条件下进行电泳，根据它的电泳迁移率即可在标准曲线上求得分子质量。

（2）聚丙烯酰胺凝胶

聚丙烯酰胺凝胶电泳由单体丙烯酰胺和交联试剂 N-N′-甲叉双丙烯酰胺在引发剂和增速剂的情况下聚合而成。丙烯酰胺的单体形成长链，由 N-N′-甲叉双丙烯酰胺的功能基团和链末端的功能基团反应而交联，形成网状结构，发挥类似于分子筛的效应（见图 3-54）。

SDS-PAGE 仅根据蛋白分子质量亚基的不同而分离蛋白。这个技术是由 Shapiro 在 1967 年建立的，在样品介质和丙烯酰胺凝胶中加入离子去污剂和强还原剂后，蛋白质亚基的电泳迁移率主要取决于亚基分子质量的大小，电荷因素可以忽视。

SDS 是阴离子去污剂，作为变性剂和助溶试剂，它能断裂分子内和分子间的氢键，使分子去折叠，破坏蛋白分子的二级、三级结构，而强还原剂（如巯基乙醇，二硫苏糖醇）能使半胱氨酸残基间的二硫键断裂。在样品和凝胶中加入还原

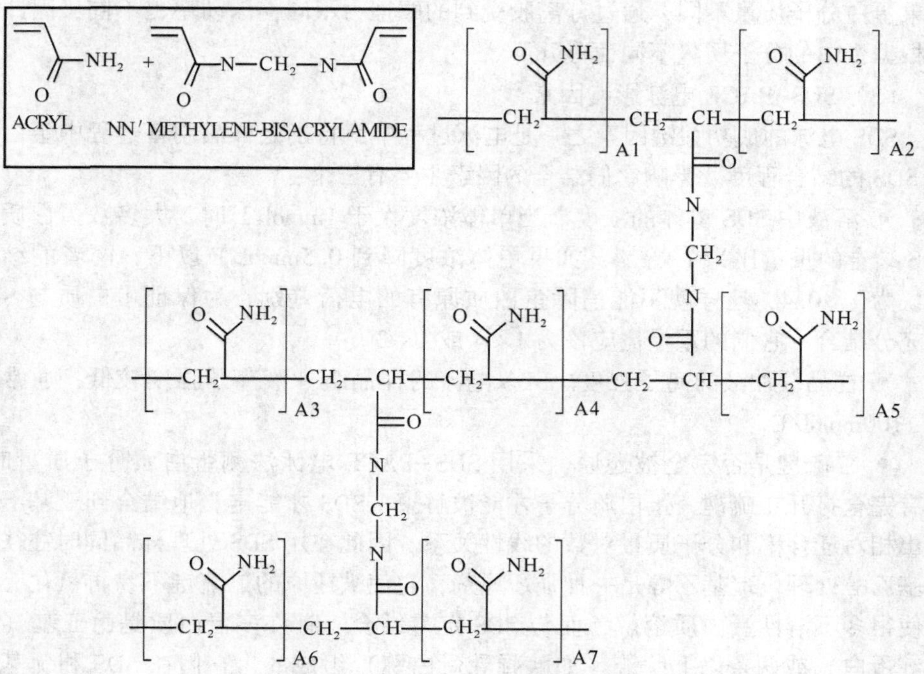

图 3-54　PAGE 的聚合反应和产物分子结构

剂和 SDS 后，分子被解聚成多肽链，解聚后的氨基酸侧链和 SDS 结合成蛋白-SDS 胶束，所带的负电荷大大超过了蛋白原有的蛋白量，这样就消除了不同分子间的电荷差异和结构差异。

　　SDS-PAGE 一般采用的是不连续缓冲系统，与连续缓冲系统相比，能够有较高的分辨率。浓缩胶的作用是有堆积作用，凝胶浓度较小、孔径较大，把较稀的样品加在浓缩胶上，经过大孔径凝胶的迁移作用而被浓缩至一个狭窄的区带。样品液和浓缩胶选 Tris-HCl 缓冲液，电泳缓冲液液选 Tris-甘氨酸。电泳开始后，HCl 解离成氯离子，甘氨酸解离出少量的甘氨酸根离子。由于蛋白质带负电荷，因此氯离子、甘氨酸根离子和蛋白质分子一起向正极移动。其中氯离子泳动速度最快，甘氨酸根离子泳动速度最慢，蛋白质分子泳动速度居中。电泳开始时氯离子泳动率最大，超过蛋白质分子，因此在后面形成低电导区，由于电场强度与低电导区成反比，因而产生较高的电场强度，使蛋白质分子和甘氨酸根离子迅速移动，形成稳定的界面，使蛋白质分子聚集在移动界面附近，浓缩成一中间层。

　　分离胶孔径较小，通过选择合适的凝胶浓度，可以使样品很好地分离。当样品进入分离胶，由于 pH 值和凝胶孔径改变，使泳动慢的离子泳动率变大，超过蛋白，高强度电场消失。因此蛋白可在均一的 pH 值和电场强度下通过分离胶。

如果蛋白分子质量不同，通过分离胶受到的摩擦力不同，泳动率也不同，因此能够根据蛋白的分子质量不同而分开。

（3）SDS-PAGE 电泳影响因素

SDS 电泳的成功关键因素之一是电泳过程中，特别是样品制备过程中蛋白质与 SDS 的结合程度。影响它们结合的因素主要有三个：

● 溶液中 SDS 单体的浓度。当单体浓度大于 1mmol/L 时，大多数蛋白质与 SDS 结合的重量比为 1∶1.4；如果单体浓度降到 0.5mmol/L 以下，两者的结合比仅为 1∶0.4，这样就不能消除蛋白质原有的电荷差别，为保证蛋白质与 SDS 的充分结合，它们的重量比应该为 1∶4 或 1∶3。

● 样品缓冲液的离子强度。SDS 电泳的样品缓冲液离子强度较低，通常是 10～100mmol/L。

● 二硫键是否完全被还原。采用 SDS-PAGE 电泳法测蛋白质分子质量时，只有完全打开二硫键，蛋白质分子才能被解聚，SDS 才能定量地结合到亚基上而给出相对迁移率和分子质量对数的线性关系。因此在用 SDS 处理样品同时往往用巯基乙醇处理，巯基乙醇是一种强还原剂，它使被还原的二硫键不易再氧化，从而使很多不溶性蛋白质溶解，而与 SDS 定量结合。有许多蛋白质是由亚基（如血红蛋白）或两条以上肽链（如胰凝乳蛋白酶）组成的，它们在 SDS 和巯基乙醇作用下，解离成亚基或单条肽链。因此这一类蛋白质，测定时只是它们的亚基或单条肽链的分子质量。已发现有些蛋白质不能用 SDS-PAGE 测定分子质量，如电荷异常或构象异常的蛋白质，带有较大辅基的蛋白质（某些糖蛋白）以及一些结构蛋白，如胶原蛋白等。

（4）采用 SDS-PAGE 电泳法测蛋白质分子质量

当测蛋白质分子质量时，往往采取两种以上测定方法结合使用。目前常用测定分子质量的方法有：

● 聚丙烯酰胺梯度凝胶电泳法测定蛋白质的分子质量。有浓缩样品优点，可分次加样；不需解离亚基；适宜测定球蛋白，而对纤维蛋白有误差；电泳需 2000V。

● 凝胶层析法测定蛋白质分子质量。特点是方法简单、样品用量少，而且有时不需纯物质，一般不引起生物活性物质的变化；局限性是 pH 值为 6～8 的范围内，线性关系比较好，但在极端 pH 值时，蛋白质有可能因变性而偏离。

2. Western Blotting 蛋白质转移

（1）Western Blotting 相关原理

Western Blotting 是将蛋白质转移并固定在化学合成膜的支撑物上，然后以特定的亲和反应、免疫反应或结合反应以及显色系统分析此印迹。这种以高强力形成印迹的方法被称为 Western Blotting 技术。在实验操作中要注意以下条件：

印迹法需要较好的蛋白质凝胶电泳技术，使蛋白质达到好的分离效果，而且要注意胶的质量，要使蛋白质容易转移到固相支持物上。另外蛋白质在电泳过程中获得的条带被保留在膜上，在随后的保温阶段不丢失和扩散。免疫印迹分析需要很小体积的试剂，较短的时间过程，一般操作很容易，宜于应用和理论上的研究。

（2）Western Blotting 实验步骤

Western Blotting 实验包括 5 个步骤：

- 固定（Immobilization）。对蛋白质进行聚丙烯酰胺凝胶电泳（PAGE），并从胶上转移到硝酸纤维素膜上。
- 封闭（Blocked）。保持膜上没有特殊抗体结合的场所，处于饱和状态，用以保护特异性抗体结合到膜上，并与蛋白质反应。
- 初级抗体。第一抗体是特异性的。
- 第二抗体或配体试剂。对于初级抗体是特异性结合，并作为指示物。
- 被适当保温后的酶标记蛋白质区带，产生可见的、不溶解状态的颜色反应。

3. 抗体

- 一抗：用目的蛋白免疫兔或鼠的单克隆抗体制备，主要从山羊获得血清。Santa Cruz BioTechnology，Inc. 的山羊抗兔抗体，能特异识别并检测各种商业化表达载体编码的 6 his 标签序列。
- 二抗：过氧化物酶标记山羊抗兔 IgG（H+L），叠氮化钠是辣根过氧化物酶的抑制剂，不可一起使用。

【主要仪器、试剂与材料】

1. 实验仪器及耗材

20μL、200μL、1000μL 微量移液器，台式高速离心机，高压电泳仪、电泳槽，台式冷冻离心机，PCR 扩增仪，40cm×20cm 染色盘，紫外灯，微型瞬间离心机，凝胶自动成像仪，16～37℃恒温箱、摇床，高压灭菌锅，蛋白质电泳槽，蛋白质电转移槽。

1.5mL Eppendorf 离心管，0.5mL Eppendorf 离心管，塑料离心架（30 孔），20mL、50mL、100mL 锥形瓶，小平皿，大培养皿，硝酸纤维素膜，直径为 20cm 及 10cm 的玻璃平皿各一个，剪刀，镊子，刀片，一次性手套，普通滤纸等。

2. 实验材料

- 含有重组质粒的大肠杆菌 BL21 （DE3） 宿主菌；
- His-tag 鼠的抗血清；
- 辣根过氧化酶-羊抗兔抗体 （1∶500）。

3. 主要试剂

（1）IPTG

原浓度为 1mol/L，最终使用浓度为 1mmol/L。

（2）SDS-PAGE 电泳相关试剂

- SDS-PAGE 凝胶：30%丙烯酰胺、Tris-HCl、TEMED、SDS、10%AP；
- 染色液：30%聚丙烯酰胺+甲差双丙烯酰胺、0.2mol/L 磷酸缓冲液、1% TEMED，双蒸水；
- Tris-Gly 电泳缓冲液（1L）：25mmol/L Tris、192mmol/L 甘氨酸、0.1% SDS，pH 值为 8.3。

（3）2×SDS-PAGE 上样缓冲液

100mmol/L Tris-HCl（pH 值为 6.8）、4%（质量浓度）SDS（电泳级）、0.2%（质量浓度）溴酚蓝、20%（体积分数）甘油、200mmol/L 二硫苏糖醇（dTT）（用之前加），用时将溶液稀释 1×SDS-PAGE。

（4）Tris-甘氨酸电泳缓冲液 1L（pH 值为 8.3）

25mmol/L Tris（3.01g）、250mmol/L 甘氨酸（18.8g）、10%SDS（10mL）。

（5）固定液 50mL

甲醇：水：乙酸＝3：1：6。

（6）脱色液 200mL

甲醇：水：冰醋酸＝4.5：4.5：1。

（7）染色液 100mL

0.25g 考马斯亮蓝 R-250 溶解于 100mL 脱色液。

（8）其他试剂

10%SDS 10mL、10%过硫酸铵 10mL、TEMED 1.5mol/L（pH8.8）、Tris-HCl，1mol/L（pH 值为 6.8）。

（9）Western Blotting 电泳相关试剂

- 转移电泳缓冲液 1L：25mmol/L Tris、192mmol/L 甘氨酸、10%甲醇、0.1%SDS，pH 值为 8.3；
- TBS Tris-HCl NaCl 缓冲液：12mL Tris-HCl、17.55g NaCl、590mL 水，pH 值为 7.5；
- TTBS Tris-HCl NaCl、Tween-20 缓冲液：12mL Tris-HCl、17.55g NaCl、590mL 水、0.05%Tween-20，pH 值为 7.5；
- 抗体溶液：0.3g 脱脂奶粉/20mL TBS 溶液；
- Blocking 溶液（封闭液）：0.3g 脱脂奶粉/20mL TTBS 溶液；
- 四氯萘酚底物溶液（0.5mg/mL）；
- 转移缓冲液：25mmol/L Tris、192mmol/L 甘氨酸、10%甲醇，pH 值为 8.0；

- 去离子双蒸水；
- 一抗：兔抗鼠 His-tag 抗体；
- 二抗：羊抗兔辣根过氧化酶；
- 预染蛋白分子质量标准为中分子质量范围蛋白 Marker：94kDa、62kDa、40kDa、30kDa、20kDa 和 14kDa。

4. 培养基

液体 LB 培养基 200mL。

【操作步骤】

1. IPTG 诱导重组蛋白的表达

- 将含有 GFP-PET-28a 重组阳性克隆的大肠杆菌 BL21 菌转接至 3mL 液体 LB（Kan⁺）培养基中，另将大肠杆菌 BL21（DE3）宿主菌转接至 3mL 液体 LB（Kan⁺）培养基中，作为对照样品的菌液。37℃培养 16h。
- 将过夜菌按照 1∶50 比例接种到 3 支试管中，每支试管含有新鲜的 3mL LB（Kan⁺）培养基，对照样品的菌液同上操作，接种到 3mL LB（Kan⁺）培养基中，37℃继续培养，当菌液扩大培养 2~3h，测量菌液 OD_{600} 值为 0.5 左右，停止培养。
- 分别加入 IPTG（最终浓度应为 1mmol/L）诱导 0h、2h 和 4h。
- 将各管菌液离心，各加入 100μL SDS-PAGE 电泳的样品溶解液。
- 当 SDS-PAGE 电泳开始前，将样品管放入 100℃加热模块中（或者沸水浴中），加热 5min，室温 12000r/min 高速离心 5min，冰上放置，准备取上清电泳加样。

2. SDS-PAGE 电泳

（1）配制 SDS-聚丙烯酰胺凝胶（10%）

- 取两块玻璃洗净晾干，装入做胶装置，用水试漏，用滤纸把水吸出。
- 按照表 3-35 配方配制 SDS-聚丙烯酰胺分离胶（分离胶 12%，3.5mL）。

表 3-35　SDS-PAGE 电泳分离胶的配制

试　剂	体积/mL
30%丙烯酰胺	1.4
1.5mol/L Tris-HCl　pH=8.8	0.5
TEMED	3×10^{-3}
10% SDS	3.5×10^{-2}
ddH₂O	1.5
10% AP	3.5×10^{-2}

- 加入分离胶至做胶装置中，在胶面上轻轻加入 0.5mL ddH$_2$O，目的使胶面平整，大约 20min 后分离胶凝固。

- 按照表 3-36 配方配制 SDS-聚丙烯酰胺浓缩胶（浓缩胶 6%，1.5mL）。

表 3-36　SDS-PAGE 电泳浓缩胶液的配制

试　剂	体积/mL
30%丙烯酰胺	0.4
0.5mol/L Tris-HCl　pH=6.8	0.7
TEMED	2×10^{-3}
10% SDS	1.5×10^{-3}
ddH$_2$O	0.9
10% AP	1.5×10^{-2}

- 灌浓缩胶，轻轻地插入梳子，注意在梳子周围不能产生气泡。如果有气泡，将梳子轻轻拔出重新插入。

- 待胶凝固后，拔出梳子，加入电泳缓冲液。按表 3-37 顺序上样，同时上样标准分子质量的蛋白质样品。

表 3-37　SDS-PAGE 电泳样品加样顺序

泳道	样　品	上样量/μL
1	BL21（DE3）菌种对照	7
2	预染蛋白低分子质量标准	5
3	IPTG 诱导 4h	7
4	IPTG 诱导 2h	7
5	IPTG 诱导 0h	7
6	IPTG 诱导 0h	7
7	IPTG 诱导 2h	7
8	IPTG 诱导 4h	7
9	预染蛋白低分子质量标准	5
10	BL21（DE3）菌种对照	7

（2）SDS-PAGE 电泳

- 开始电泳时用 30mA 电流，样品进入分离胶后，将电流增大到 40mA。

- 当指示剂电泳到分离胶底部时，停止电泳，取下凝胶。

- 将胶从中间切成两半。取一半用于染色考马斯亮蓝快速染色，另一半胶用于蛋白质转移电泳。

3. 考马斯亮蓝染色凝胶

（1）方法 1：普通染色

将电泳完的 SDS-PAGE 从玻璃板上取下（将胶孔切除），放入培养皿中，固定液固定 30min，回收固定液，加入考马斯亮蓝染色液浸没，放入摇床中染色 40min，回收染色液。加入脱色液浸没，放入摇床中脱色 1h，照相。

（2）方法 2：快速染色（购买试剂）

- 双蒸水没过胶面，在微波炉里至刚刚煮沸，摇床上摇 1min，重复 3 次；
- 考马斯亮蓝没过胶面，在微波炉里至刚刚煮沸，摇床上摇 1min，重复 3 次（考马斯亮蓝回收）；
- 再双蒸水没过胶面，在微波炉里至刚刚煮沸，摇床上摇 1min，重复 3 次；
- 染色的胶照相，观察条带，约 28kDa。

4. 蛋白质转移（Western Blotting）

- 剩下的另一半胶用于转移电泳。切割与胶尺寸相符的硝酸纤维素膜，并用转移缓冲液浸湿。
- 切割两张厚滤纸（3M）使其大小与胶尺寸大小相符（比硝酸纤维素膜略小 1~2mm），并将其浸泡在转移缓冲液中。
- 海绵也需要事先在转移缓冲液中浸湿。
- 打开蛋白质转移槽的胶板，从负极（黑色平板）到正极（白色平板）依次放入：海绵、一张滤纸、SDS-PAGE 凝胶、纤维素膜（NC 膜）、一张滤纸、海绵。一次性全部铺好，胶和 NC 膜之间不能有气泡。
- 放入转移槽中，倒入转移缓冲液。
- 插入电极，120mA 恒流电泳 1h；1h 后两组颠倒胶板，再以 120mA 恒流电泳 1h。
- 转移结束后，取出硝酸纤维素膜。
- 用 TBS 缓冲液洗膜 10min，在摇床上轻轻摇动。
- 将膜用封闭溶液封闭，用摇床轻轻摇动 60min。
- 转移掉封闭溶液，并用 TTBS 溶液洗膜 3 次，每次 10min。
- 将几块润湿的滤纸放在大平皿中，然后上面放一层稍大的 Parafilm 膜。
- 取 500μL 一抗溶液（一抗原液：封闭液 = 1：500）均匀地点在 Parafilm 膜上（见图 3-55）。
- 将纤维素膜的蛋白面朝下铺在一抗溶液上，两层膜之间不要有气泡（见图 3-56）。
- 室温过夜。
- 用 TTBS 洗膜 3 次，每次 10min，置于摇床上轻轻摇动。
- 按照和加一抗溶液同样的操作将纤维素膜贴在二抗稀释液上。

图 3-55　纤维素膜上加入一抗溶液

图 3-56　纤维素膜铺在一抗溶液上

- 37℃结合 2h。
- 用 TTBS 洗 3 次，每次 10min。
- 用 TBS 溶液洗膜一次。
- 显色。用平皿准备 10mL 的 TBS，预热到约 60℃，加入纤维素膜，用 10μL 过氧化氢混匀；取少量四氯萘酚，溶于 1mL 甲醇中。将两者同时迅速混合到小平皿中，晃动数分钟，稍微加热，等条带显出来以后加去离子水终止反应，用滤纸保存。

【实验结果】

1. SDS-PAGE 电泳结果

（1）SDS-PAGE 电泳示意图

SDS-PAGE 电泳示意图如图 3-57 所示。本实验所用的 Marker 为中分子质量范围蛋白 Marker，条带由大到小分别代表的分子质量大小为 94kDa、62kDa、40kDa、30kDa、20kDa 和 14kDa。以此为标准，理论上来说，表达的 GFP 蛋白大小应该位于 20kDa 条带以上，30kDa 条带以下，更靠近 30kDa 条带，大小约 27kDa。

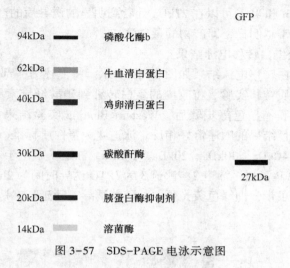

图 3-57　SDS-PAGE 电泳示意图

（2）SDS-PAGE 电泳结果（见图 3-58）

SDS-PAGE 电泳结果如图 3-58 所示。将含有 GFP-PET-28a 重组阳性克隆的大肠杆菌 BL21 菌转接至 LB（Kan⁺）培养基，同时以不含重组阳性克隆的样品菌液为对照，分别加入 IPTG（最终浓度应为 1mmol/L）诱导 0h、2h 和 4h 后进行 SDS-PAGE 电泳，结果如图 3-58 所示。泳道 4 为蛋白质标准，从上至下依次为 94kDa、62kDa、40kDa、30kDa、20kDa、14kDa；泳道 5 为大肠杆菌 BL21

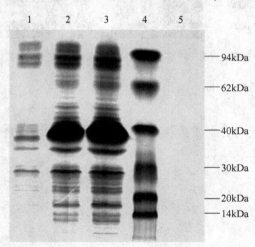

图 3-58　SDS-PAGE 电泳胶染色结果

泳道 1~泳道 3—IPTG 诱导 0h、2h 和 4h；泳道 4—蛋白质标准，从上至下依次为 94kDa、62kDa、40kDa、30kDa、20kDa、14kDa；泳道 5—大肠杆菌 BL21（DE3）菌株对

（DE3）菌种对照，无任何条带产生，表明菌株无污染；泳道 1~泳道 3 分别是 IPTG 诱导 0h、2h 和 4h，可以在 27kDa 处看到明显的诱导后的产物，且随着诱导时间的延长，条带越明显，即产物的量越多。

2. 绿色荧光蛋白转移电泳结果

绿色荧光蛋白转移电泳结果如图 3-59 所示。将上述另一部分 SDS-PAGE 电泳的胶用于蛋白质转移实验，将胶内的蛋白转移到硝酸纤维素膜上，经加一抗、二抗、温育、洗膜、显色等步骤后，Western Blotting 实验结果如图 3-59 所示。样品顺序与胶染色结果的顺序恰好相反。泳道 4 为蛋白质标准，从上至下依次为 94kDa、62kDa、40kDa、30kDa、20kDa、14kDa。泳道 1 中由于 IPTG 诱导时间为 0h，因此产生 GFP 蛋白；泳道 2、泳道 3 为 IPTG 诱导时间为 2h 和 4h，在 27kDa 处可看到特异性条带，即绿色荧光蛋白，随着诱导时间延长，诱导产生的绿色荧光蛋白增多。

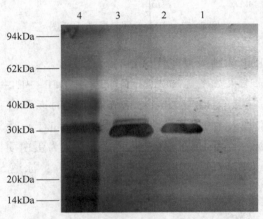

图 3-59 转移后的硝酸纤维素膜显色结果

【分析思考】

- 对表达产物进行分子质量及特异性检验使用什么方法？
- 如何选择一抗及二抗？

实验十四　绿色荧光蛋白的分离、纯化及其鉴定

GFP 作为分子标签已广泛地应用于基因工程的研究，实验构建了 pET-28a-GFP 重组质粒，此质粒在原核生物中表达得到蛋白产物。

实验获得的 EGFP 蛋白具有 N 端融合的氨基酸标签（His-tag），组氨酸是与固定化金属离子作用最强的氨基酸。固定在基质上的过渡态金属离子（Co^{2+}、Ni^{2+}、Cu^{2+}、Zn^{2+}）与特定的氨基酸侧链之间相互作用。利用 His-tag 纯化目的蛋白的原理，使含有连续组氨酸序列残基的肽类可在固定化金属螯合层析柱（如 Ni^{2+}-NTA 柱）中有效保留。样品过柱之后，用游离咪唑洗脱就可以获得纯净的含多聚组氨酸序列的肽类。

Western Blotting 即利用 His 抗体特异地显示样品中带有 His-Tag 的条带，也就是特异性地显示 EGFP 蛋白。

【实验目的】

由于计划使用 His-bind Ni-NTA 亲和树脂收集表达蛋白，要求表达蛋白在 N 端或 C 端存在 His-tag polyHis 序列，因此选用 pET-28a 质粒与 GFP 基因重组，转化入大肠杆菌 BL21（DE3）菌株，而后在此系统中启动其表达。

由于重组表达的 GFP 蛋白 N 端含有 His6-tag 标签，因此可以使用镍亲和层析的方法进行纯化。6His 序列与 Ni^{2+} 有可逆结合力，可以被咪唑竞争性抑制。通过实验操作使学生掌握这种操作简便、纯化速度快、特异性比较低、适宜从成分复杂的混合物中粗提蛋白的方法。

【实验原理】

1. 如何融合 pET-28a 质粒与 pEGFP-N3 中的 EGFP 基因

由于计划使用 His-bind Ni-NTA 亲和树脂收集表达蛋白，故要求表达蛋白在 N 端或 C 端存在 His-tag polyHis 序列。

实验使用的 EGFP 蛋白取自原核-真核穿梭质粒 pEGFP-N3 的蛋白质编码序列。此质粒原本被设计用于在原核系统中进行扩增，并可在真核哺乳动物细胞中进行表达。此质粒主要包括位于 pCMV 真核启动子与 SV40 真核多聚腺苷酸尾部之间的 EGFP 编码序列；位于 EGFP 上游的多克隆位点（见图 3-60）；一个由 SV40 早期启动子启动的卡那霉素/新霉素抗性基因，以及上游的细菌启动子，它

可启动在原核系统中的复制与卡那霉素的抗性。在 EGFP 编码序列上下游，存在特异的 *Bam*H I 及 *Not* I 限制性内切酶位点，可切下整段 EGFP 编码序列。

表达 EGFP 蛋白使用的 pET-28 原核载体包含了在多克隆位点两侧的 His-tag polyHis 编码序列，用于表达蛋白的 T$_7$ 启动子、T$_7$ 转录起始物以及 T$_7$ 终止子，选择性筛选使用的 *lac* I 编码序列及卡那霉素抗性序列、pBR322 启动子，以及为产生单链 DNA 产物的 f1 启动子（见图 3-61）。

pET-28a 和 pEGFP-N3 经过 *Bam*H I 和 *Not* I 双酶切之后，成为线性片段。pET-28a 的 3′端和 pEGFP-N3 的 5′端有 *Bam*H I 黏性末端，pET-28a 的 5′端和 pEGFP-N3 的 3′端有 *Not* I 黏性末端。经过连接之后，pET-28a 和 pEGFP-N3 片段的读码框相连接，ORF 的起始密码由 pET-28a 提供，终止密码由 pEGFP-N3 片段提供，转录启动子和终止子由 pET-28a 提供（见图 3-62 和图 3-63）。

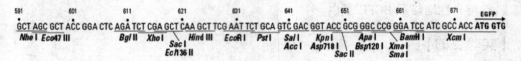

图 3-60　pEGFP-N3 质粒多克隆位点

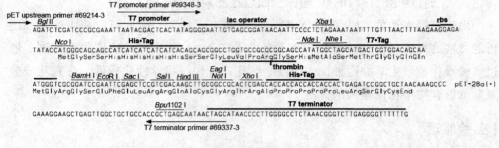

图 3-61　pET-28a 质粒多克隆位点

图 3-62　表达蛋白在 N 端或 C 端存在 His-tag polyHis 序列

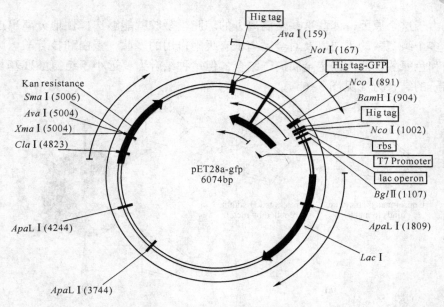

图 3-63　pET-28a-GFP 质粒结构

2. 利用 His-tag 纯化目的蛋白

（1）金属螯合柱的纯化原理

金属螯合亲和色谱，又称为固定金属离子亲和色谱，其原理是利用蛋白质表面的一些氨基酸，如组氨酸，能与多种过渡金属离子（如 Cu^{2+}、Zn^{2+}、Ni^{2+}、Co^{2+}、Fe^{3+}）发生特殊的相互作用，利用这个原理可以吸附富含这类氨基酸，或融合有 His-tag 标签的蛋白质，从而达到分离的目的（见图 3-64）。

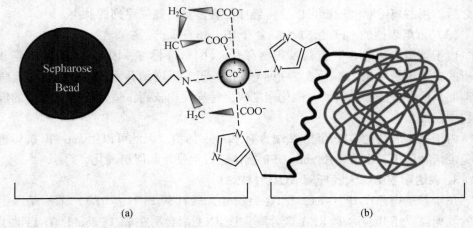

（a）　　　　　　　　　　　　　　　　　　　（b）

图 3-64　金属螯合柱的纯化原理

由于这个原因，偶联这些金属离子的琼脂糖凝胶就能够选择性地分离出这些含有多个组氨酸的蛋白以及对金属离子有吸附作用的多肽、蛋白和核苷酸。半胱氨酸和色氨酸也能与固定金属离子结合，但这种结合力要远小于组氨酸残基与金属离子的结合力（见图3-65）。

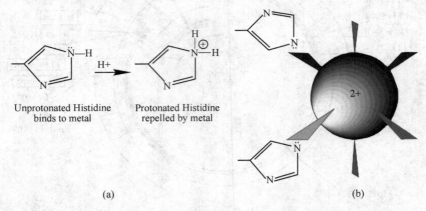

Unprotonated Histidine binds to metal　　Protonated Histidine repelled by metal

(a)　　　　　　　　　　　　　　(b)

图3-65　金属螯合原理

（2）载体His-tag有利于纯化目的蛋白

在pET-28a中有两组连续的6个CAC序列，编码6个组氨酸，构成N-端融合的His-tag和C-端融合的His-tag，可以用来提取和纯化表达蛋白。

固定在基质上的过渡态金属离子（Co^{2+}、Ni^{2+}、Cu^{2+}、Zn^{2+}）与特定的氨基酸侧链之间有相互作用。组氨酸是与固定化金属离子作用最强的氨基酸，组氨酸的咪唑环作为电子供体容易与固定的金属离子形成配位键。含有连续组氨酸序列残基的肽类可在固定化金属螯和层析柱（如Ni^{2+}-NTA柱）中有效保留。样品过柱之后，用游离咪唑洗脱就可以获得纯净的含多聚组氨酸序列的肽类。

（3）重组表达的GFP蛋白N端含有His（6）-tag标签

由于重组表达的GFP蛋白N端含有His（6）-tag标签，因此可以使用镍亲和层析的方法进行纯化。His（6）序列与Ni^{2+}离子有可逆结合力，可以被咪唑竞争性抑制。这种方法操作简便、纯化速度快、特异性比较高，适宜从成分复杂的混合物中粗提蛋白。

由于重组表达的GFP蛋白N端含有T_7-tag标签，因此可以用anti-T_7抗体进行免疫亲和层析，也可以用anti-GFP抗体进行免疫亲和层析纯化。

3. 表达宿主菌株大肠杆菌BL21（DE3）

在培养基中存在IPTG时，IPTG会诱导大肠杆菌BL21（DE3）菌株基因组中的乳糖操纵子并表达T_7 RNA聚合酶，T_7 RNA聚合酶在pET-28a的T_7启动子的作用下开始转录。转录产物从5'端起依次含有pET-28a上的核糖体结合位点、

pET-28a 上的起始密码 AUG、His（6）-tag 的序列、thrombin 酶切位点序列、T_7-tag 序列、GFP 自身的起始密码 AUG、GFP 序列、GFP 终止密码和 pET-28a 的多克隆位点下游序列。

由于 pET-28a 的起始密码子上游的核糖体结合位点对 *E·coli* 核糖体有良好的亲和力，而 GFP 自身起始密码上游缺乏合适的核糖体结合位点，因此翻译从 pET-28a 的起始密码开始。翻译产物从 N 端开始依次是 His-tag、thrombin 酶切位点、T_7-tag、GFP 序列。因此，可实现 GFP 与 pET-28a 上游标签序列的融合表达。这样的融合表达对 GFP 的鉴定、分离纯化等实验都有重要意义。

【主要仪器、试剂与材料】

1. 实验仪器及耗材

台式高速离心机，微型瞬间离心机，台式冷冻离心机，涡旋器，PCR 扩增仪，DNA 电泳槽，蛋白质电泳槽，高压电泳仪，凝胶自动成像仪，紫外分光计，超声破碎仪，高压灭菌锅，超净台，水浴锅，培养箱，摇床，紫外灯，10μL、200μL、1000μL 微量移液器。

层析柱 10cm×2cm，1.5mL Eppendorf 管，0.5mL Eppendorf 管，PCR 管，Eppendorf 管枪头，20mL、50mL、100mL、1000mL 锥形瓶，烧杯，试管，量筒，小平皿，大培养皿，直径为 20cm 及 10cm 的玻璃平皿，40cm×20cm 染色盘，剪刀，镊子，刀片，一次性手套，封口膜，普通滤纸等。

2. 实验材料

大肠杆菌 DH5α 菌株、大肠杆菌 DH5α 菌株（含 pEGFP-N3 质粒）、大肠杆菌 DH5α 菌株（含 pET-28a 质粒）、大肠杆菌 BL21（DE3）菌株。

3. 实验试剂

（1）抗生素

卡那霉素（Kan）50mg/mL，使用时稀释 500 倍。

（2）碱裂解法从菌液中提取质粒相关溶液及试剂

- 溶液Ⅰ：GET（pH 值为 8.0）：50mmol/L 葡萄糖、10mmol/L EDTA-Na_2、25mmol/L Tris-HCl；

- 溶液Ⅱ：0.2M/L NaOH，内含 1%SDS，现用现配；

- 溶液Ⅲ：5mol/L KAc 60mL、11.5mL 冰醋酸、28.5mL H_2O，用前预冷；

- 其他：异丙醇、70%乙醇、无菌 ddH_2O（含 RNase）。

（3）DNA 限制性内切酶及相关试剂

*Not*Ⅰ和 *Bam*HⅠ及相应 Buffer，BSA。

（4）DNA 琼脂糖凝胶电泳相关溶液及试剂

- 50×TAE 电泳缓冲液储存液（pH 值为 8.5）：242g Tris 碱、57.1mL 乙酸、

37.2g $Na_2EDTA \cdot 2H_2O$，加水至 1L；临用前，用蒸馏水稀释至 1×（1×TAE：40mmol/L Tris-HAc，1mmol/L EDTA）。

- 1%~2%琼脂糖凝胶：用 1×TAE 电泳缓冲液溶解琼脂糖。
- 核酸染料：GoldView。
- 精准定量分子质量标准 X。

（5）蛋白质 SDS-PAGE 电泳相关溶液及试剂

- 丙烯酰胺储存液：29.2g 丙烯酰胺、0.8g 亚甲基双丙烯酰胺，加水至 100mL；
- 4×分离胶缓冲液：称取 18.2g Tris 碱，用盐酸调至 pH8.8，加入 0.4g SDS，用去离子水定容至 100mL，4℃储存；
- 4×浓缩胶缓冲液：称取 6.05g Tris 碱，用盐酸调至 pH6.8，加入 0.4g SDS，用去离子水定容至 100mL，4℃储存；
- 10%过硫酸铵（AP）；
- 5×电泳缓冲液：15.1g Tris 碱、5g SDS、72g 甘氨酸，用蒸馏水定容至 1L；
- 2×样品缓冲液：50mmol/L Tris-HCl（pH6.8）、2%SDS、0.1%溴酚蓝、10%甘油；
- 考马斯亮蓝染色液：0.5g 考马斯亮蓝 R-250 溶于 500mL 甲醇，加入 100mL 冰醋酸，用蒸馏水定容至 1L；
- 染色液：50mL 甲醇、100mL 冰醋酸，用蒸馏水定容至 1L；
- Brilliant Blue Plus 预染蛋白分子质量标准。

（6）PCR 相关试剂

- DNA 聚合酶及相应缓冲溶液：*Taq* 酶、10×*Taq* 酶 Buffer 或 *Pfu* 酶、10×*Pfu* 酶 Buffer（北京 TransGen 生物技术有限公司）；
- dNTP Mixture：各 2.5mmol/L；
- 引物：各引物均由 Primer Premier5.0 软件设计，并由上海生工生物工程技术服务有限公司合成，终浓度为 10mol/L。

（7）DNA 连接试剂

T_4 DNA 连接酶，DNA 连接酶 Buffer。

（8）亲和层析试剂

- 40mL Ni-NTA His-Bind resin binding buffer（50mmol/L NaH_2PO_4，300mmol/L NaCl，10mmol/L 咪唑）；
- Ni-NTA His-Bind resin wash buffer（50mmol/L NaH_2PO_4，300mmol/L NaCl，20mmol/L 咪唑）；
- Ni-NTA His-Bind resin elude buffer（50mmol/L NaH_2PO_4，300mmol/L

NaCl，250mmol/L 咪唑）；

- 0.01mol/L PBS 溶液；
- His-Bind Ni-NTA 亲和层析介质；
- 透析袋（分子截流量 10000）。

4. 培养基

LB 液体培养基：胰蛋白胨 10g/L、酵母提取物 5g/L、NaCl 10g/L，加水定容至 1L，121℃灭菌。固体培养基另加入的琼脂粉 15g/L。

【实验步骤】

1. pET-28a-EGFP 重组质粒的制备

- 挑取一过夜培养菌落于 50mL LB 液态培养基，37℃振荡培养过夜；
- 分装过夜扩增培养物于 1.5mL Eppendorf 离心管；
- 4℃，12000r/min 离心 10min，倾去上清液；
- 每管加入 100mL GET 缓冲液（溶液 Ⅰ），用前加入 4mg/mL 溶菌酶，重悬；
- 每管加入 150μL 新配含 2%SDS 之 2% NaOH 溶液（溶液 Ⅱ），快速混匀，静置 5min；
- 每管加入 100μL 乙酸-乙酸钾缓冲液（溶液 Ⅲ），混匀，静置 10min；
- 4℃，12000r/min 离心 15min，取上清液至新的 1.5mL Eppendorf 离心管中；
- 加入 400μL 1：1 体积混合之饱和酚-氯仿混合液，快速混合，室温静置 10min；
- 室温以 12000r/min 离心 15min，取上清液至新的 1.5mL Eppendorf 离心管中；
- 加入冰冷无水乙醇 800μL，冰置 10min，4℃，12000r/min 离心 30min，倾去上清液，加入 800μL 70%乙醇洗涤；
- 4℃，12000r/min 离心 10min，倾去上清液，50℃减压烘干后，每管质粒溶于 20μL ddH$_2$O（含 1mg/mL RNase），保存于 -20℃。

2. 重组体的鉴定

（1）PCR 初步鉴定

- 引物序列：

T$_7$ Promoter Primer 69348-3

5′-TAATACGACTCACTATAGGG-3′

T$_7$ Terminator Primer 69337-1

5′-GCTAGTTATTGCTCAGCGG-3′

- PCR 反应体系：

按表 3-38 依次添加反应物，制备 PCR 反应体系，混匀。

表 3-38　PCR 鉴定反应体系

反 应 物	体积/μL
提取的待鉴定质粒	1
dNTP	2
T_7 Promoter Primer 69348-3	0.5
T_7 Terminator Primer 69337-1	0.5
Taq 酶	0.5
Buffer	2
ddH$_2$O	13.5
总体积	20

* PCR 反应条件的设定：

预变性 95℃，10min；变性 95℃，1min；退火 58℃，1min；延伸 72℃，1.5min；循环，30 次；再延伸 72℃，5min。

* 电泳：

PCR 产物加入 5μL Loading Buffer，上样，进行 1% 琼脂糖凝胶电泳。

（2）双酶切鉴定

配制双酶切反应体系见表 3-39。

表 3-39　双酶切反应体系

反 应 物	体积/μL		
质粒 pEGFP-N3-阳性对照	20	—	—
质粒 pET-28a-阳性对照	—	20	—
待进一步鉴定的质粒	—	—	20
*Bam*H I	2	2	2
Not I	2	2	2
10×Buffer K	3	3	3
0.1%BSA 缓冲液	3	3	3
总体系	30	30	30

37℃温育 3h，进行 1% 琼脂糖凝胶电泳。

3. 经鉴定的 pET-28a-EGFP 重组质粒转化大肠杆菌 BL21（DE3）菌株

（1）制备大肠杆菌 BL21（DE3）菌株的感受态细胞

* 将 10μL 大肠杆菌 BL2（DE3）菌接入 3mL LB 液体培养基中，过夜培养；
* 按 1：50 比例接入新的试管中摇菌 2h，进行二次活化；

- 无菌工作台内取菌液 1.5mL 冰置 10min；
- 于 4℃下 4000r/min 离心 2min，收集菌体细胞；
- 无菌工作台内弃去培养液，加入预冷的 0.1mol/L 的氯化钙溶液 600μL，轻轻悬浮细胞，冰置 20min，于 4℃下 4000r/min 离心 2min；
- 无菌工作台内弃上清液，加入预冷的 0.1mol/L 的氯化钙溶液 500μL，轻轻悬浮细胞，冰置 5min，于 4℃下 4000r/min 离心 2min；
- 无菌工作台内弃上清，加入预冷的 0.1mol/L 的氯化钙溶液 300μL，轻轻悬浮细胞，即成感受态细胞。

（2）pET-28a-GFP 重组体 DNA 转入大肠杆菌 BL2（DE3）菌
- 将制得的 300μL 细胞悬液分成两份，一份用于转化，另一份进行平行操作，但不加质粒，以作对照。分别取 2 支 100μL 的感受态细胞悬液，各加入重组体质粒 DNA 溶液 2μL，轻轻摇匀，冰置 30min；
- 42℃水浴热激 90s，后迅速置于冰上冷却 5min；
- 向两管中分别加入 100μL LB 液体培养基，混匀后在 37℃振荡培养 30~60min。
- 涂板：分别取 50μL、100μL、150μL 加入重组质粒的感受态细胞悬浮液涂布于含卡那霉素的平板上；其中一块板用 IPTG 涂板后，加入 100μL 重组质粒的感受态细胞悬浮液涂布于含卡那霉素的平板上；将对照组的感受态细胞取 100μL 涂布于含有卡那霉素的平板上；正面向上放置片刻，待菌液完全被培养基吸收后倒置培养皿，37℃培养 20h。

4. IPTG 诱导重组蛋白的表达
- 将重组阳性克隆菌转接至 3mL 液体 LB（Kan⁺）培养基中，37℃培养 16h。
- 将过夜菌按照 1:50 比例接种到 4 支试管中，每支试管含有新鲜的 3mL LB（Kan⁺）培养基，菌液扩大培养 2h，测量 OD_{600} 值为 0.5 左右，停止培养。
- 分别使用 IPTG（最后总浓度应为 1mmol/L）诱导 0h、2h、4h。
- 将各管菌液离心并照相。

5. SDS-PAGE 鉴定 His-tag-EGFP 融合蛋白
（1）含有 SDS-PAGE 鉴定 His-tag-EGFP 融合蛋白菌体处理
- 挑取菌落，接种于含抗生素的 LB 培养液中，37℃摇荡培养；
- 待菌液的 $OD_{600nm} \approx 0.7$ 时，加入 IPTG 至终浓度为 0.1~0.2mmol/L，诱导 3~4h；
- 取 3mL 菌液，100μL 2×SDS 样品处理液，吹吸重悬；
- 沸水中煮 10min，13000r/min 离心 1min；
- 取 5~10μL 上清液准备上样。

（2）SDS-PAGE 胶的配制

- 按照使用说明搭好制胶架。
- 按照表 3-40 配方，配制 12%SDS-PAGE 分离胶。

表 3-40　12%SDS-PAGE 分离胶的配制

反 应 物	体积/mL
4×分离胶缓冲液（pH=8.8）	2.5
丙烯酰胺储液（30%）	4.0
TEMED	0.01
10% AP	0.08
去离子水	3.41
总体积	10.0

混匀后，快速加入，水封。室温静置 20min 以上。凝胶凝固后倒去水层，吸干残留水分。

- 按照表 3-41 配方，配制 3%上层浓缩胶。

表 3-41　3%浓缩胶的配制

反 应 物	体积/mL
4×浓缩胶缓冲液（pH=6.8）	1.0
丙烯酰胺储液（30%）	0.67
TEMED	0.01
10% AP	0.05
去离子水	2.27
总体积	4.0

混匀后，快速加入玻璃板内，插入梳子。室温静置 10min 以上，均匀用力拔出梳子，加入电泳缓冲液，上样电泳。

- 先恒压 50V，待溴酚蓝迁移至浓缩胶分离胶界面时，将电压调至 80V，恒压至溴酚蓝完全跑出胶。
- 小心取出凝胶，考马斯亮蓝染色 1h。
- 用脱色液脱色，直至背景色脱至无色。
- 对 SDS-PAGE 进行处理数据分析。

6. His-tag-EGFP 融合蛋白提取

- 平板挑取一阳性带有重组质粒的大肠杆菌 BL21 菌落，接入含有 Kan 的

LB 培养基的试管内，37℃培养过夜。

- 以 1∶50 接种比例接入含有 Kan 的 LB 培养液的锥形瓶中，共 200mL，30℃培养至 OD_{600nm} 约为 0.7。
- 加入 IPTG 至终浓度为 0.1~0.2mmol/L，诱导 3~4h。
- 将菌液于 4℃以下以 13000r/min 离心 15min，取菌体，并使用 0.01mol/L pH7.4 PBS 重悬清洗菌体一次，再次在 4℃以 13000r/min 离心 15min，取菌体保存于 30mL 离心管。
- 将菌体冻存于液氮中，4h 后取出以 37℃融化，反复 2 次以初步破菌。
- 使用 0.01mol/L PBS 溶液（pH 值为 7.4）悬浮菌体，总体积约 6mL。
- 以 1mg/mL 的剂量加入粉状溶菌酶，混匀，冰置 30min。
- 使用带钛钢钻头的超声波菌体粉碎器破菌，频率为 5s 起动/5s 暂停；循环 99 次，其间使用冰盒降温。
- 13000r/min，4℃离心 15min，观察沉淀是否还有颜色，如仍有颜色沉淀则重复破菌。
- 13000r/min，4℃离心 30min，以除去菌体碎片，收集上清液。
- 上清液以 100000g，4℃离心 1h，以彻底除去不溶物，取上清液，量取体积。

7. 使用 His-bind Ni-NTA 亲和层析柱分离融合蛋白

金属螯合柱的纯化流程如图 3-66 所示。

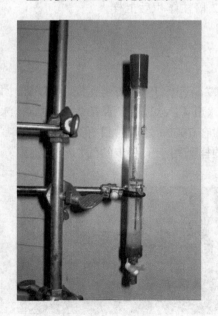
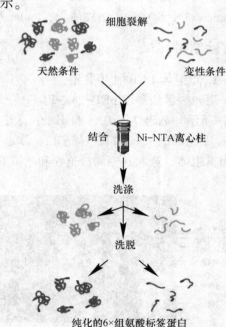

图 3-66　金属螯合柱的纯化流程

- 在上清液中加入等体积饱和（NH$_4$)$_2$SO$_4$ 溶液，4℃静置过夜。
- 12000r/min，4℃离心30min取沉淀物，使用40mL Ni-NTA His-Bind resin binding buffer（50mmol/L PBS、300mmol/L NaCl、10mmol/L 咪唑，pH8.0）溶解，13000r/min，4℃离心30min，以除去不溶物。
- 取20mL溶液上柱，流速1mL/min。柱体积5mL 以30mL Ni-NTA His-Bind resin wash buffer（50mmol/L PBS、300mmol/L NaCl、20mmol/L 咪唑，pH8.0）洗柱，至紫外检测仪检测曲线稳定平齐。
- 使用 Ni-NTA His-Bind resin elude buffer（50mmol/L PBS、300mmol/L NaCl、250mmol/L 咪唑，pH 值为8.0）洗脱蛋白，收集洗脱液。
- 使用0.01mol/L PBS pH 值为8.0 溶液对洗脱液进行透析除盐（透析袋分子截流量10000），换水4次，每次1000mL。
- 透析后溶液真空冻干，收集黄色固体，-20℃保存。

8. His-Bind Ni-NTA 亲和层析柱保存与再生

- 纯化样品后，Ni 柱用2倍柱体积含50mmol/L EDTA 的 Buffer 洗去 Ni。
- 用2倍柱体积蒸馏水洗，长时间不用就用20%乙醇洗2倍柱体积，4℃冰箱保存。
- 所用各溶液上柱前都需要用0.22μm 滤膜过滤。
- 下次使用 His-Bind Ni-NTA 亲和层析柱时用双蒸水洗2倍柱体积，或用100mmol/L NiSO$_4$ 洗2倍柱体积，butter 平衡2倍柱体积后上样。

【实验结果】

1. 重组体 PCR 初步鉴定

用碱裂解法提取 pET-28a-EGFP 重组质粒，进行 PCR 初步鉴定，结果如图3-67所示。泳道7为 DNA Marker；泳道1、泳道4、泳道5、泳道6、泳道8、泳道9、泳道10、泳道11、泳道12、泳道13均在700bp 处产生目标条带，初步鉴定为重组体。选取其中的泳道5和泳道6中的样品用于下一步的酶切鉴定实验。

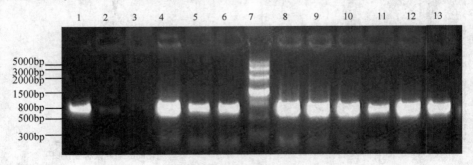

图3-67　PCR 初步鉴定重组体 pET-28a-EGFP

2. 重组体双酶切进一步鉴定

选取经 PCR 初步鉴定为阳性克隆的两个质粒，进一步通过酶切鉴定，所得结果如图 3-68 所示。

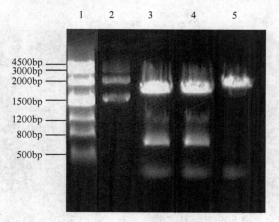

图 3-68　重组质粒双酶切鉴定电泳结果

泳道 1 为 DNA Marker。泳道 2、泳道 3 分别为一个转化子提取质粒未酶切和双酶切的电泳结果，可以看到泳道 2 产生三条带，分别为超螺旋、开环和线状三种构象的重组质粒 DNA 分子；泳道 3 产生两条带，分别为目的基因 EGFP，大小约 700bp，另一条带为载体部分，大小约 5.3kb。泳道 4、泳道 5 分别为一个转化子提取质粒酶切和未双酶切的电泳结果，可以看到泳道 4 产生三条带，分别为目的基因 EGFP，大小约 700bp，另一条带为载体部分，大小约 5.3kb。泳道 5 主要产生一条带，可能是开环构象的重组质粒。进一步证明泳道 3、泳道 4 中的样品为重组体，可用于后续的实验。

3. 融合蛋白表达产物的 SDS-PAGE 检测

将经 PCR 和双酶切鉴定的重组质粒 pET-28a-EGFP 用热激法转化到大肠杆菌 BL21（DE3）感受态细胞中，经 IPTG 诱导 0h、2h、4h，进行 SDS-PAGE 电泳检测融合蛋白的表达情况，结果如图 3-69 所示。泳道 1 为负对照，泳道 3 为 Marker，泳道 2、泳道 4、泳道 5 分别为 IPTG 诱导 0h、4h 和 2h 的结果，可以看出泳道 2 产生的条带与负对照产生的条带数一致。泳道 4、泳道 5 分别在 31.0kDa 位置处产生的表达量非常高的条带，为诱导的融合 His-tag-EGFP 蛋白。IPTG 诱导 4h 的重组蛋白表达的产量明显高于诱导 2h 的量。

4. His-tag-EGFP 融合蛋白纯化产物的 SDS-PAGE 检测

采用 His-bind Ni-NTA 亲和层析柱分离融合蛋白，将菌体全蛋白及纯化后的融合蛋白进行 SDS-PAGE 电泳，结果如图 3-70 所示。泳道 1 为 Marker；泳道 2、泳道 3、泳道 4 分别为 IPTG 诱导 4h、2h 和 0h 的菌体全蛋白的电泳结果，泳道

2、泳道 3 在 31.0kDa 位置处产生的表达量明显的条带，为诱导的融合 His-tag-EGFP 蛋白；泳道 5 为采用 His-bind Ni-NTA 亲和层析柱分离纯化的融合蛋白，可以看出只有 EGFP 一种蛋白产物，表明纯化反应彻底。

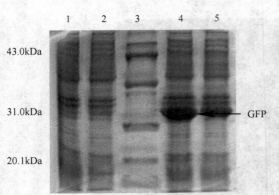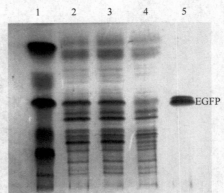

图 3-69　菌体全蛋白 SDS-PAGE 图谱

图 3-70　菌体全蛋白及纯化蛋白
SDS-PAGE 图谱

泳道 1—蛋白质标准；泳道 2~泳道 4—菌体
全蛋白；泳道 5—纯化后荧光蛋白

5. 镍柱纯化各阶段产物荧光检测结果

为及时追踪镍柱纯化各阶段产物的表达情况，对亲和层析柱分离的液体样品和干燥样品在长紫外波长 400nm 处检测，结果如图 3-71 所示，可以见到各阶段均产生强烈绿色荧光信号的产物。

(a)　　　　　　　　　(b)　　　　　　　　　(c)

图 3-71　经过镍柱纯化液体及干燥绿色荧光蛋白样品（紫外光激发）
（a）（b）亲和层析柱分离的液体样品；（b）（c）亲和层析柱分离的干燥样品

注：野生型绿色荧光蛋白（wtGFP）在紫外光激发下发出微弱的绿色荧光，经过对其发光结构域特定氨基酸的定点改造，EGFP 能在可见光的波长范围被激发（吸收区红移），发光强度比原来强上百倍。

【分析思考】

- 氨基酸标签（His-tag）在蛋白质分离纯化中有何作用？基本原理是什么？
- 使用 His-Bind Ni-NTA 亲和层析柱分离纯化蛋白质基本步骤有哪些？实验时如何正确使用和保存 His-Bind Ni-NTA 亲和层析介质？